国家出版基金项目
NATIONAL PUBLICATION FOUNDATION

可见光通信丛书

Visible Light Communications:
Networking and Applications

可见光通信：
组网与应用

宋健 杨昉 张洪明 王劲涛 丁文伯◎编著

U0240340

人民邮电出版社
北 京

图书在版编目（ＣＩＰ）数据

可见光通信：组网与应用 / 宋健等编著. -- 北京：
人民邮电出版社，2021.12
（可见光通信丛书）
ISBN 978-7-115-57701-6

Ⅰ. ①可… Ⅱ. ①宋… Ⅲ. ①光通信系统－研究
Ⅳ. ①TN929.1

中国版本图书馆CIP数据核字(2021)第211711号

内 容 提 要

可见光通信特别是基于照明 LED 的可见光通信与网络作为一种新兴的通信手段正引起越来越多的关注。尤其是在电磁屏蔽、电磁敏感、电磁受限环境下，有其特殊应用优势。可见光通信的组网方式是其实际应用中面临的主要问题之一。本书重点介绍可见光通信的编码、MIMO（基于多灯、空间调制等特点）等关键技术，并结合其与 5G、电力线融合的组网案例进行详细阐述和展望。特别需要说明的是，作者所在的研发团队充分考虑电力线与基于 LED 可见光通信的天然结合，提出了将照明、供电和信息网络融为一体的新型网络构架，并完成了初步验证。

本书主要面向高校、研究院所和通信行业的学生与研究人员，也可作为教材供研究人员培训使用。

◆ 编　著　宋　健　杨　昉　张洪明　王劲涛　丁文伯
　　责任编辑　代晓丽
　　责任印制　陈　犇
◆ 人民邮电出版社出版发行　　北京市丰台区成寿寺路 11 号
　　邮编　100164　电子邮件　315@ptpress.com.cn
　　网址　https://www.ptpress.com.cn
　　北京市艺辉印刷有限公司印刷
◆ 开本：700×1000　1/16
　　印张：12.5　　　　　　　　　　2021 年 12 月第 1 版
　　字数：225 千字　　　　　　　　2021 年 12 月北京第 1 次印刷

定价：119.80 元

读者服务热线：(010) 81055493　印装质量热线：(010) 81055316
反盗版热线：(010) 81055315

前　言

　　光——首先是太阳光，然后是其他自然光源以及后续的人造光源，在地球上生命的起源与进化、文明的产生与多样性演化、社会组织的形成和逐步完善等诸多进展中均扮演着极其重要的角色。照明用的电光源作为人类文明里程碑式的重要成果，被视为人类最伟大的发明之一。发光二极管（Light Emitting Diode，LED）技术的发明与普及应用，是照明电光源发展历史上的第三次重大飞跃。

　　基于 LED 的半导体照明技术，具有转换效率高、响应速度快、强度与色温可调、使用寿命长等一系列优点，与其他类型光源相比，优势明显。仅从能源消耗统计看，全面采用 LED 灯后，全球用于照明的耗电量占比预计可以从 25% 降至 4%。这些特点使得 LED 半导体照明技术迅速在世界范围内得到了普及应用。

　　在信息时代，人们对于信息服务无处不在的覆盖要求和性能要求，使得原有的通信网络构架逐步向泛在化发展，这对于不同网络间的融合、信息技术与通信技术的密切融合，起到了重要的推动作用。而基于 LED 的半导体照明技术，在构建高效、节能的照明网络的同时，有望利用照明灯具的泛在性弥补常规射频信号室内覆盖的不足，提供信息获取与传输等功能。基于照明 LED 的可见光通信、可见光定位以及组网等技术，近些年来获得了通信领域研究人员以及行业人士的青睐和日益密切的关注。与此同时，基于可见光通信、定位等技术与其他通信网络结合，形成了异构融合网络——灯联网，其提供信息服务的系统研究和应用实践案例也层出不穷。

可见光通信使用的波长比目前移动通信网络中的射频波长更短，其视距传播特征更为明显。可见光通信虽然能够借鉴很多在移动通信长期研发过程中形成的关键技术，特别是其空口技术和有效的系统性方法，但由于信道特征不同、传播环境不同、应用场景不同，需要有针对性地开展研究、进行优化，以期更好地服务于可见光通信的特定需求。本书在内容组织方面充分考虑到了这一特点，需要说明的是，本书中对于半导体光源和探测器的特征，仅专注于其抽象的外在电气特性。近期，可见光通信的标准化工作提到了议事日程上。可见光通信标准化有利于实现设备之间的互联互通，以提供更好的用户支持和体验。本书通过对相关标准的介绍，希望帮助读者了解标准化工作的进展和标准化需要充分考虑的内容。最后，通过一个融合网络的案例，简要介绍了可见光通信技术与其他通信网络实现深度有机融合、组成异构网络并提供相关信息服务的情况。

本书撰写中得到下列同事的大力支持，作者在此对他们的辛勤付出表示由衷的感谢！张跃教授（School of Engineering, University of Leicester, Leicester, UK）、曹天博士（清华大学电子工程系）、张妤姝博士（中国科学院空天信息创新研究院）、刘思聪博士（厦门大学信息学院）、马旭博士[阿里巴巴云计算（北京）有限公司]、高俊男（华为技术有限公司）、郑迪博士（清华大学电子工程系）、史旭博士（清华大学电子工程系）、黄璇博士（清华大学电子工程系）、陆诚越（清华–伯克利深圳学院）。

本书的研究成果得到以下基金项目支持，在此一并致谢。

① 国家重点研发计划项目，No.2017YFB0403400，新形态多功能室内智慧照明关键技术及系统集成。

② 国家重点研发计划政府间国际科技合作重点专项，No.2017YFE0112300，无线光通信网络。

③ 国际科技创新合作重点专项，No.2017YFE0113300，基于电力线的深部开采融合通信技术研究。

④ 广东省自然科学基金研究团队项目，No.2015A030312006，基于 PLC-VLC 的超高速联合通信技术研究。

　　衷心希望本书能为专业背景不同，但对可见光通信技术与网络有兴趣的读者提供一些有益的参考。限于作者的能力水平及本领域的迅速发展，书中错误之处或信息更新不及时在所难免，敬请读者予以指正。

目 录 / Contents

第1章
可见光通信综述

光给世界带来了生命，而人造光则推动了文明的可持续发展。随着半导体照明技术的发明和深入普及，利用照明用可见光实现信息传输成为可能，成就了近期受到人们广泛关注的可见光通信技术。借助泛在的照明网络与信息网络的深度融合，构建服务于智慧照明的灯联网是当前研究与应用的一个热点。本书将从物理层传输核心技术、相关标准和已有网络的角度，向读者呈现本领域的最新研究和应用成果。

1.1 引言

地球上生命的起源与进化、文明的产生与多样性演化、社会组织的形成和逐步完善等诸多进展中，光（起初是自然光，之后是人造光）扮演了极其重要的角色，产生了无与伦比的影响。起初是由于昼夜更替和气象条件等限制，人们并非总能时时享受到自然光，因此人类开始寻找人造光源，照明用的电光源就是这种努力的里程碑式的重要成果，也被视为人类最重要的发明之一。托马斯·阿尔瓦·爱迪生（Thomas Alva Edison）发明了白炽灯并于 1879 年实现了其大规模上市，被认为是成功实现照明电光源的第一步。1938 年，荧光灯（低压气体放电灯）的诞生使得照明电光源实现了第二次巨大飞跃。1993 年由中村修二（Shuji Nakamura）博士等发明并成功进行了商业光源推广的蓝光发光二极管（Light Emitting Diode，LED）技术，则标志着照明电光源发展历史上的第三次重大飞跃。

由于基于 LED 的半导体照明技术具有省电（即电能转换成光能的效率高）、响应速度快、强度和色温可调、使用寿命长、耐震荡等机械冲击、体积小等一系列优点，自问世起，其推广和普及速度就在不断提高。调查表明 2020 年 LED 灯的普及率已接近 40%，预计未来十年内有望达到 100%。从能源消耗的统计数据分析，在 LED 被用作替代光源之前，世界上 25% 的电力是被照明用途所消耗掉的。如能充分利用 LED 灯实现替代，则照明的耗电量预计最终可以减少到 4%，这一变化无疑将深刻改变整个照明行业以及能源行业的发展进程，进而改变世界。中村修二博士和其同事也正由于这一贡献而荣获 2014 年诺贝尔物理学奖。随着未来人们在室内所逗留的时间越来越长，可以预见的是，采用基于 LED 灯的照明网络，必将对人们的日常生产与生活产生更为广泛的影响。这个影响不仅体现在照明方式本身已能有效减少能源消耗上，也体现在基于半导体技术的 LED 灯，及其所构成的照明网络能够作为信息技术基础设施的一个重要组成部分，为人们提供相关的信息服务上。可以预见，随着信息技术领域相关成果不断涌现并不断集成到照明网络中，未来照明网络必将被成功赋予智能化的功能，从而最终实现人本照明的目标。

图 1-1 所示为欧洲照明协会 2015—2025 年战略路线[1]，它清楚地描绘出了照明行业正在经历和即将发生的深刻变革：① 通过光源 LED 化实现低碳绿色照明；② 通过 LED 光源光效的不断提高及智能照明系统的使用，推动可持续的节能进程；③ 通过以人为本的智慧照明，未来将为人们营造健康舒适的生活。从图 1-1 中可以清晰地看到，随着时间的推移，LED 照明的社会价值将会得到不断提升：从 2015 年以单纯提高能效、降低照明用电量为目标开始，逐步过渡到 2020 年前后的智能照明，支持可持续照明应用，再进化到 2025 年的人本照明，通过充分发掘 LED 照明网络在提升人们生活质量方面的重要作用，进入健康照明这一最高阶段。毫无疑问，只有通过信息技术与照明网络的有机融合，才能最终达成这个目标。

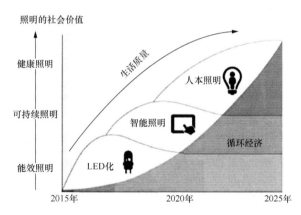

图 1-1　欧洲照明协会 2015—2025 年战略路线

1.2　可见光通信技术

1.2.1　可见光通信发展历史

可见光通信（Visible Light Communications，VLC）是一种不同于常规射频无

线传输的通信技术。该技术利用照明器件或设备发出的强度变化的可见光信号进行信息传输。当前技术方案的主流传输设备是发光二极管，包括过去所采用的荧光灯以及未来可能出现的激光芯片等。这里需要指出的是本书所定义的可见光范围是指人肉眼可以看到的光波段，其工作频率为 400～800 THz（对应波长 780～375 nm）。可见光的强度是太阳光谱中强度最大的部分，世界上绝大多数动物所能看见的光谱范围大致处于此范围之内。当然，由于自然选择的结果，一些主要在夜间活动的动物还能"看见"所谓的不可见光，不过这不在本书的讨论范围之内。由于携带信息的光信号其强度变化的频率极快，人眼存在的视觉暂留效应（即人眼看到的景物在视觉上所停留的时间，或者说是人视觉细胞和神经对光信号的反应时间）可以使其不会受到光强度高速变化的困扰，从而在人眼不会察觉的情况下，可以利用可见光通信技术，通过光强度的变化实现信息的传输。

近年来，可见光通信随着 LED 灯与照明网络的广泛普及而越来越受到人们的关注。其实，通过一些大家耳熟能详的故事，可以将可见光通信的典型案例回溯到公元前。据史书记载，在 2 000 多年前的古代中国，人们就开始利用烽火台的火光（白天还要结合狼烟）这一人造光源，来发布敌人来犯的消息，并通过火堆的多寡等事先约定的方式通报来犯之敌的人数。而借助相邻的多个烽火台，还可以完成远距离的中继传输。据考证差不多与此同时或者稍晚，也有了西方军队利用盾牌反射太阳光，从而进行信息传输的记录。以上都是利用可见光进行信息传输或发布的例子，但还不是现代意义上的通信概念。真正意义上的光通信——利用散射光束来传输声音，是 1880 年 6 月由亚历山大·格拉汉姆·贝尔（Alexander Graham Bell）利用自己开发的光电话（Photophone）完成的，当时的通信距离为 210 m。

随着照明光源的普及，可见光通信的相关研究与试验日益引起了人们的关注。最初的试验表明，使用普通日光灯时，可见光通信的传输能力为 10 kbit/s；而使用 LED 灯时，有望达到吉比特每秒（Gbit/s）量级。结合相关的光学装置，信号传输距离可以达到千米级水平。如果激光照明技术的未来发展充分满足了普及应用的条件，其传输数据速率和传输距离将会有若干数量级的提高，而且电光转换效率也将有明显的提升。

1.2.2　基于 LED 的可见光通信技术

可见光通信技术可以与固态照明技术充分结合这一显著的特点和优势，是当前学术界与产业界对其高度关注并看好其应用推广的一个极其重要的原因。因该技术主要采用了 LED 作为光源，故天然地继承了 LED 响应时间快、工作频带宽、传输速率高、绿色节能、支持深度覆盖等优点，尤其适合在安全通信（不易被截获）、大规模数据接入与传输（支持高速多光源并行传输）、射频无线电信号深度衰减以及对射频无线电辐射敏感等场合开展应用。可见光通信技术已被证明能够成为现有射频无线电通信技术的重要补充，更被认为是未来第六代无线通信系统（6G）中一项极具竞争力的传输技术。本书将通过可见光通信组网相关物理层核心技术的研究成果，结合近期已报道系统与研究项目的进展，从技术和系统特性的层面，重点介绍这方面的代表性研究成果。

从实际应用来看，可见光通信可以分为室内和室外两大类典型的应用环境。前文提到，自然光对于人类文明的起源与发展有着决定性的影响，室外可见光通信也不例外。可见光通信室外应用的两大典型场景是交通场景和水下环境。可见光通信与信号灯的结合构成智能交通网络，并与其他技术手段配合，搭建起安全可靠的、支撑车联网应用的未来智慧交通系统基础设施（Vehicle-to-Infrastructure，V2I）。与此同时，还可以利用车辆头灯和尾灯完成可见光通信的任务，实现车辆间（Vehicle-to-Vehicle，V2V）的信息交换[2]。研究表明可见光中蓝绿波长在水下的传输损耗相对较低，支持水下近距离高速通信的应用，有望成为长波无线电和声波低速通信的有效补充[3]。需要注意的是，由于绝大多数的系统应用难以避免地会受到自然光的严重影响，在系统方案设计和技术选择时，必须要充分考虑其挑战。

相对而言，由于自然光对室内应用的影响可控且照明网络的覆盖程度非常高，在现有可见光通信的研究工作中，有相当一部分内容针对的都是室内应用场景下的技术挑战。其特点不同于文献[4-6]所呈现的可见光单一组网架构与资源分配理论方面的研究，而是将可见光通信技术与其他已有系统进行有机结合，提供室内信息服务。这类融合网络的应用特点与优势是依托现有照明基础设施，一方面解决建筑物内无线射频信号覆盖不理想或者存在盲区的问题，以提高可靠性和增加系统容量，譬如，可见光通信与 5G 的结合、可见光通信与 Wi-Fi 的混合覆盖等；另一方面能够在保证健康安全和信息安全的前提下，有效支持电磁信号敏感环境下的信息服务，包括但不限于在 ICU 病房、手术室、机舱、矿井巷道、电力用电缆沟隧道等应用场景中的通信信息服务以及日常巡检工作等，也包括一些电磁严控环境下或者是密闭环境下的特殊军事应用。由于需要依托现有的照明网络开展部署，照明约束下的可见光通信关键技术研究和系统设计，近年来引起了越来越多的关注，成为一个研究热点。另外，虽然不属于严格意义上的室内可见光通信范畴，人们也在深入研究借助密集布设的泛在照明设施中每一盏 LED 灯在确定位置下所发出的地址信息，以实现对用户实时位置信息精确感知的可见光定位技术和系统，从而有效地克服传统的卫星定位导航方法难以支持室内用户的精确定位，包括移动通信网络基站信号和室内 Wi-Fi 信号在内的无线射频信号定位方案极易受环境变化影响的缺点，结合惯性导航等辅助手段，能够提供精准的室内定位服务，进而支持楼内的导航等信息服务。

可见光通信技术的飞速发展与广泛应用，一是离不开新材料的出现，半导体生产制造和封装工艺的不断进步，以及由此带来的核心器件性能不断地提升；二是离不开近来来通信技术、信号处理技术、网络技术等关键技术的长足进步，以及由此带来的系统性能的持续改进；三是应用需求层出不穷，对研究工作产生了非常强的牵引作用；最后是标准化方面工作的全面铺开和不断深入，确保了产品的兼容性。这其中每一方面的进步，都是学术界和产业界长期积累并不断深入探索的结果，凝聚了相关领域人员的智慧和心血。本书将从可见光通信组网和应用的角度，与读者分享最新的研究和研发成果。

随着 LED 照明市场的发展，VLC 技术在国内外广受关注，世界多国均已先后启动相关研究，对此市场也进行了相关的预测。美国市场咨询机构大观研究（Grand View Research）的报告显示，全球可见光通信/Li-Fi 市场有望在 2024 年达到 1 013 亿美元。

对于室内高速 VLC 传输，正交频分复用（Orthogonal Frequency Division Multiplexing，OFDM）和多输入多输出（Multi-Input Multi-Output，MIMO）技术被认为是系统实现高速通信的主要技术手段。以 OFDM 作为点对点传输的调制方法，结合 MIMO 利用多灯资源，最大化用户传输速率，将是室内高速 VLC 技术的发展趋势。与此同时，根据当前的应用需求并结合未来的应用趋势，需要深入研究可见光精确定位、可见光通信组网及与其他通信方式的融合架构和资源调度机制。

下面是相关研究领域近期研究进展的简述。

（1）点对点可见光通信技术研究

衡量一个可见光通信系统或网络的性能，其传输速率，特别是点对点的传输能力是一个非常重要的指标。这方面很多研究团队都在通过不同技术的突破，不断刷新人们对点对点可见光通信技术潜力的认识。英国牛津大学 O'Brien 团队利用在光学元器件和底层系统设计方面的优势，在 2009 年报道了 100 Mbit/s 传输速率的可见光通信系统[7]，并在 2014 年和爱丁堡大学 Hass 团队合作，实现了白光单灯 1.68 Gbit/s 的传输速率[8]。在 2016 年，基于 RGB 的三色 LED，通过采用波分复用和 DCO-OFDM（DC biased Optical OFDM）技术，他们实现了 10.4 Gbit/s 的传输速率[9]。2019 年，O'Brien 团队利用四色复用的白光激光二极管（Laser Diode，LD），实现了在传输距离为 4 m 时 35 Gbit/s 的传输速率[10]。同年，Hass 团队利用市面上可以采购到的四色 LED，使用波分复用和 OFDM 技术，实现了 1.6 m 距离下 15.73 Gbit/s 的传输速率[11]。比萨圣安娜大学的 Ciaramella 等于 2012 年报道了基于 RGB-LED 波分复用的 3.4 Gbit/s 传输速率的离线可见光传输实验，调制带宽为 280 MHz，传输距离为 10 cm，接收端采用雪崩光电二极管（Avalanche Photon Diode，APD）进行光信号的探测[12]。在国内，复旦大学迟楠团队一直致力于高速 VLC 的研究，并在 2014 年利用 RGB 三色 LED 实现了 1 cm 距离的高速传输，传输速率为 4.22 Gbit/s[13]。在 2016 年，该团队提出了一种基于脉冲幅度调制（Pulse Amplitude Modulation，PAM）的曼彻斯特（Manchester）编码并依靠该编码和波分复用技术，在 RGB 三色 LED 上实现了 1 m 距离下 3.375 Gbit/s 的传输速率[14]。2018 年，该团队利用单颗封装的五色 LED，通过波分复用技术，实现了 1 m 距离下 10.72 Gbit/s 的传输速率[15]。中国科学院半导体研究所于 2011 年搭建了可用于家庭低速通信的 VLC 系统[16]，并在 2014 年实现了单灯传输速率为 550 Mbit/s 的实时可见光通信系统[17]。2014 年，清华大学的研究团队提出了基于 LED 阵列的可见光 OFDM 系统，通过在光域上将载波分配到多个 LED 中，有效降低了信号峰均功率比对传输信号的影响[18]。同年，清华大学的研究团队利用单个荧光粉 LED 光源达到了 481 Mbit/s 的传输速率[19]。2016 年，台湾大学的林恭如团队利用 RGB 三色混合白光 LD，实现了在 0.5 m 距离下 8.8 Gbit/s 的传输速率[20]。在 2018 年，该团队同样利用 RGB 三色 LD，结合波分复用技术和 QAM-OFDM（Quadrature

Amplitude Modulation OFDM）调制技术，实现了距离 0.5 m 下 11.2 Gbit/s 的传输速率[21]。同年，台湾交通大学的邹志伟团队利用 RGB 三色 LD 实现了 1 m 距离的双向传输，其中下行最高传输速率可达 20.231 Gbit/s，上行最高传输速率可达 2 Mbit/s[22]。2019 年，该团队采用 RGB 三色 LD 和偏振复用技术，实现了距离 2 m 下 40.665 Gbit/s 的传输速率[23]。同年，该团队利用黄色荧光层结合蓝光 LD 产生白光，采用开关键控（On-Off Keying，OOK）调制实现了 1 m 距离下 1.25 Gbit/s 的传输速率[24]。

（2）MIMO 的可见光通信技术研究

在射频无线通信，特别是 5G 系统中，MIMO 技术所能提供的系统可靠性和系统容量增益已经获得了广泛的证明。这一成功的经验已被借鉴到可见光通信技术中，并针对可见光通信的特点进行了改进与完善。2014 年，诺森比亚大学的 Ghassemlooy 等利用 4 个 LED 灯和 4 个探测器组成了非成像 MIMO 通信系统，LED 灯间距为 25 cm，探测器间距为 20 cm，传输距离为 2 m，总传输速率为 50 Mbit/s[25]。2014 年，北京大学的胡薇薇团队提出了基于鱼眼透镜的成像接收 MIMO 可见光系统，接收机采用鱼眼成像电荷耦合元件（Charge Coupled Device，CCD）接收，增大了空间分离度[26]。2016 年，台湾交通大学的邹志伟团队实现了 3×3 成像 MIMO-VLC 系统，传输速率高达 1 Gbit/s，传输距离可达 1 m[27]。同年，复旦大学的迟楠团队利用两个 RGB LED 作为发射机（Transmitter，TX），采用空间平衡编码技术，实现了 2×2 成像 MIMO-VLC 系统，传输速率可达 1.4 Gbit/s，传输距离为 2.5 m[28]。2017 年，香港中文大学的陈亮光团队利用正交块循环矩阵和奇异值分解（Singular Value Decomposition，SVD）方案，实现了 2×2 MIMO-VLC 系统，传输速率可达 1.5 Gbit/s，传输距离为 1 m[29]。2018 年，诺森比亚大学的 Ghassemlooy 团队使用无载波幅相调制，实现了 4×4 成像 MIMO-VLC 系统。结果表明，当 LED 调制带宽仅为 4 MHz 时，仍然能够实现 249 Mbit/s 的传输速率，传输距离为 1 m[30]。2019 年，O'Brien 团队针对 MIMO-VLC 系统，利用人工神经网络（Artificial Neural Network，ANN），提出了一种新的时空联合均衡算法，并通过实验的方式对该算法的效果进行了验证[31]。2020 年，复旦大学的迟楠团队从一个新的角度解释了空间复用与叠加信号调制之间的关系。针对 2×2 MIMO-VLC 系统提出了一种新的 32QAM 星座构成方案，并通过实验对该方案的性能进行了研究[32]。同年，中国科学院林邦姜等针对 MIMO-OFDM VLC 系统，提出了基于压缩感知的信道估计方法，并通过实验进行了验证[33]。

（3）可见光通信技术的非正交多址研究

2016 年，爱丁堡大学 Hass 团队针对采用非正交多址接入（Non-Orthogonal Multiple Access，NOMA）技术的 VLC 系统，在保证服务质量和尽力而为的两种假设下，分别研究了系统覆盖率和系统遍历容量[34]。同年，哈利法塔大学的 Karagiannidis 团队证明了 NOMA 技术在 VLC 系统中应用的适用性，并提出了增益比功率分配（Gain Ratio Power Allocation，GRPA）算法[35]。2017 年，东南大学许威团队考虑接入用户公平性和可见光单极性的限制，通过优化算法最大化了系统的吞吐量，并提出了一种新的功率分配算法[36]。同年，中国科学院林邦姜团队提出了一种结合正交频分多址（Orthogonal Frequency Division Multiple Access，OFDMA）的 NOMA 技术，可实现双向传输，从而有效提高了 VLC 系统带宽利用效率，并通过实验对这种技术进行了验证[37]。2018 年，南洋理工大学的 Chen 团队在 MIMO-VLC 系统中应用 NOMA 技术，并通过数值仿真方法，对 2×2 MIMO-VLC 系统速率进行了研究[38]。同年，该团队基于 OFDM 调制技术和两级混沌编码机制，提出了一种适用于 VLC 系统的安全且私密的 NOMA 技术[39]。2019 年，该团队针对 NOMA 机制中由于采用连续干扰消除引起的误差传播问题，进一步提出了一种适合 QAM 方式的编码与解码方案，从而解决了误差传播问题[40]。2020 年，清华大学宋健团队针对 VLC 系统中常见的脉冲调制，提出了一种适合脉冲调制的 NOMA 方案。该方案的特点是不存在误差传播问题，同时相比于传统 NOMA 技术，具有更低的实现复杂度[41]。

以上这些成果只涵盖了可见光通信技术中一些重要研究方向上的近期进展，结合可见光通信技术、网络、标准化和应用，各方面的进展和突破都非常多，也受到了国际电联相关研究组/工作组的关注并通过若干次会议的筹备，形成了相关的技术报告书[42]。在后续章节中，我们将结合可见光通信中基于低密度奇偶校验（Low Density Parity Check，LDPC）编码的上行非正交多址技术（详见第 2 章）、多 LED 灯 MIMO 技术（详见第 3 章）、低复杂度空间调制等关键的物理层技术（详见第 4 章）、基于 IEEE 802.15.7 的可见光通信标准（详见第 5 章）以及可见光与电力线通信（Power Line Communication，PLC）深度融合的网络架构（详见第 6 章），分别进行深入介绍。

限于篇幅和项目进展周期，一些正在进行中的可见光通信系统与网络架构方面的研究和研发工作，在本章中我们只能进行初步介绍。有兴趣的读者可以继续关注这些项目后续的进展情况。

1.3　可见光通信系统/网络介绍

1.3.1　欧盟地平线 2020 IoRL 项目

随着人们在室内的停留时间越来越多，对建筑物内信息服务的需求也在不断增加。信息技术（特别是 5G 技术）的加速运用与上述需求相叠加，导致了无线网络密集度越来越高，而这又进一步加剧了信号的拥塞和干扰。考虑到现代建筑材料也会限制无线电波的传播，特别是高频段电波在传播中将遭遇巨大的损耗，若所有建筑都只依靠蜂窝移动网络来提供信号覆盖，耗费成本将十分巨大。

为此，在欧盟地平线 2020 计划和中国科技部国家重点研发计划政府间国际科技创新合作重点专项的共同支持下，多个中方单位与来自欧盟不同国家的研究单位一道，共同承担了"无线光通信系统"（Internet of Radio Light，IoRL）的研发项目。希望在关键技术突破的基础上，通过综合调度射频无线电和建筑物内 LED 灯可见光资源的方式，利用无线光接入点来提供室内的高速信息传输。此方案可有效减少室内宽带信号覆盖的盲区，降低射频干扰，且具有良好的电磁兼容性，同时积极探索为新一代智慧照明系统赋能环境感知和信息互联能力，从而实现室内的"绿色"密集覆盖。

该项目具体的研究工作重点聚焦在以下 4 个部分：① 设计集成于 LED 照明系统的远程无线光前端，并与毫米波通信、室内无线光定位等技术相结合；② 使用可见光通信、多输入多输出等技术提供高速可靠的宽带无线通信；③ 设计无线光通信网络开源架构以及用于室内布局和性能优化的辅助设计工具；④ 集成后的系统平台计划在博物馆、办公楼宇、地铁车站、超市等建筑物内环境中进行性能验证和功能展示。

文献[43-47]报道了相关的研究成果。IoRL 的目标是设计并实现如图 1-2 所示的无线与光融合（无线光）的通信网络，从而有效支持室内或建筑物内的信息覆盖服务。

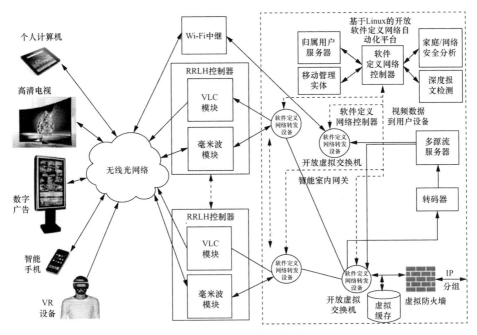

图 1-2　无线光通信网络架构

该无线光通信网络以基于边缘计算的远端无线光头（Remote Radio Light Head，RRLH）端作为中央控制器。该控制器能够根据不同网络终端分类的流量类型以及DPI 等应用程序的应用类型，将终端流量转发到不同的目的地，包括互联网、移动网络、Wi-Fi 和属于同一个 IoRL 接入网的其他 RRLH 控制器。其中，软件定义网络（Software Defined Network，SDN）的模块是部署于建筑物内、支持边缘计算的智能家居 IP 网关（Intelligent Home IP Gateway，IHIPG）。在虚拟网络层（Virtual Network Function，VNF）的部署中，此中央控制器在云数据中央服务器（Cloud Home Data Centre Server，CHDCS）中部署，并通过隧道进行连接。

与移动网络运营商相关的数据流量将通过使用 4G/5G 数据和控制协议，发送到移动核心网。当智能终端进入建筑物时，来自外部移动网络中 4G/5G eNB/gNB（Evolved Node B/Next Generation Node B 4G/5G）基站的互联网数据分组流量将切换到建筑物 IoRL 网络，并通过 4G/5G 边缘计算控制中心对互联网进行访问。这将大大减轻移动网络运营商的流量负担，从而通过缓解拥塞并减少时延来提高网络性能。从终端角度来看，通过可见光和毫米波支持在建筑物内部的信息服务，将提供更好的室内覆盖范围，支持更好的室内用户体验，包括更快的传输速率和更低的时延。

从网络与应用的角度看，则包括以下几大部分。

（1）软件定义家庭网络架构

软件定义家庭网络（Software Defined Home Networks，SDHN）架构如图 1-3 所示。

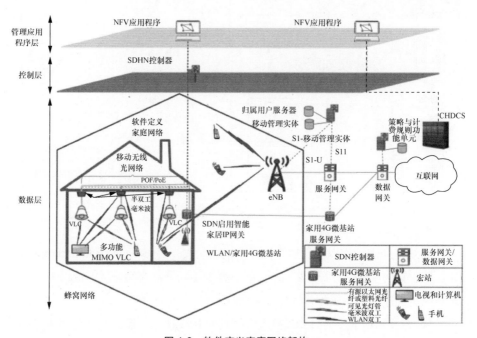

图 1-3　软件定义家庭网络架构

无线光通信系统项目受欧盟 5G PPP 架构工作组工作的启发与引导，定位在建筑基础设施"垂直市场"领域的 5G 技术和业务方面的创新。通过充分考虑服务于各种不同类型建设物中所有类型居民的不同应用需求，从而为建筑物内 5G 数据信息的处理和传输提供了整体解决方案。该网络架构由 5 个平面组成，分别是：应用程序和业务服务平面；多服务管理平面；集成网络管理和运营平面；软件基础架构平面；控制平面。IoRL 通过为建筑物开发一个基于抽象家庭网络基础设施的软件定义、集成网络管理和运营平面应用的程序接口，支持控制平面的协议配置，以及转发控制平面的数据分组。

这部分的具体工作包括：① 建立一个软件定义家庭网络的开源开发环境。其中，将毫米波（mmWave）和可见光通信模块组合到位于内部的低成本 RRLH（此 RRLH 光电系统的设计需要支持灵活多样的 LED 灯类型）中。再通过智能家居 IP 网关，由云数据中央服务器驱动，从而支持第三方的应用开发人员为家庭、企业和公共空间建筑开发创新的网络运营和管理服务，如图 1-4 所示。② 建立一个家庭网络的综合网络管理和操作平面应用程序编程接口（Application Programming Interface，API），用于将基础设施软件化、将控制平面抽象化。该 API 可用来为建筑物中的多网络运营商创建并定制网络服务。③ 多源流（MS-Stream）功能，考虑到视频业务是家庭信息服务的重要形式，通过该功能，可以允许不同比例的视频通过不同的无线电光网络及其 MIMO 复用路径传递，并在用户终端（User Equipment，UE）处无缝聚合，以增强整个系统的鲁棒性。

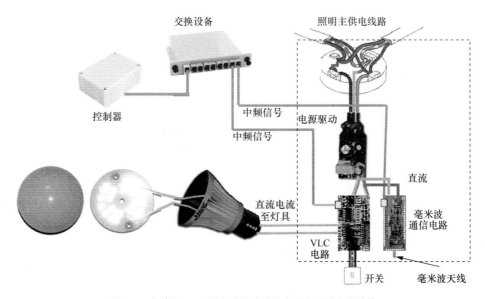

图 1-4　集成于 LED 照明系统的无线光通信系统前端结构

（2）无线家庭网络架构

这部分的具体工作如下。

① 家庭网络架构，包括远程无线-可见光终端和集成在灯簇中的 SDN 转发节点。由于 3GPP-NR 中基于 OFDM 的传输利用了空间分集 MIMO 和空间复用 MIMO 等多功能 MIMO 系统来增加系统传输的可靠性、吞吐率等，故使用 40 GHz 的毫米波可以在每个房间内以高达 10 Gbit/s 的速率进行信息传输。② 使用 SDN 交换

机增强的智能家居 IP 网关，使得 IP 分组可以通过路由接入到 RRLH 或 WLAN。
③ 开发移动网络、WLAN 与 RRLH 网络之间的切换业务。因为 RRLH 在多房屋
覆盖范围内的集中协作，避免了用户终端在建筑物内的频繁切换，使 RRLH 覆盖
区域之间的切换服务不再成为必须，有效地降低了系统的调度复杂度并提高了服
务的鲁棒性。

（3）远程无线-可见光网络架构

RRLH 架构设计，确保了 IP 数据分组通过 IHIPG 和 RRLH，能够可靠地被传
输到 UE，并使用集成在远端灯簇内的 mmWave 和 VLC 多功能 MIMO 网络，以保
证系统具有足够的容量，其结构如图 1-5 所示。

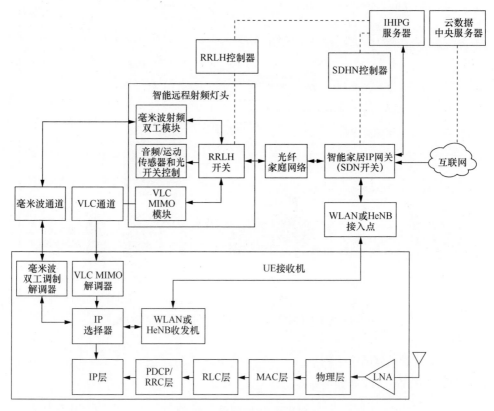

图 1-5　无线光通信网络结构

这部分的具体研发工作包括：① 通过 IHIPG 与集成在灯簇中的智能 RRLH 进
行多个无线-可见光模组的连接，以覆盖整个家庭和建筑物并传输至用户设备，从

而提高可靠性并降低能耗，有效延长用户终端的电池寿命；② 通过多个无线-可见光节点间的可靠连接，可以支持不同比例的视频传输等业务；③ 对现有的灯簇进行增强，并支持由有源以太网（Power Over Ethernet，POE）或电力网络供电。

（4）可见光通信传输

这部分的具体工作包括：① 支持 VLC 技术的多功能 MIMO，其由 VLC 空间分集和空间复用 MIMO 下行链路组合而成，用于增加建筑物内的连接可靠性和吞吐率；② 支持无线-可见光模组的设计者自行定义空间中的 RRLH 数量和部署方式，通过使用多功能空间分集和空间复用 MIMO 技术，克服了mmWave/VLC 通道中的双峰问题，充分满足了建筑空间内多终端条件下对吞吐率和可靠性的要求。

（5）毫米波传输

这部分的具体工作包括：① 采用毫米波和 VLC 融合网络，并与宽带多载波方案结合使用，支持链路自适应切换、宽带传输、物联网应用、超可靠和低时延通信；② 在室内开发采用分布式毫米波天线/RRLH 的毫米波接入技术；③ 开发用于规划房间中 RRLH 的数量和最佳位置/方向的方案，以进一步增强覆盖范围和系统容量。

（6）用户终端架构

这部分的具体工作包括：① 开发 VLC 空间复用和空间分集 MIMO 的下行链路光电二极管（Photo-Diode，PD）接收机（Receiver，RX）；② 开发毫米波调制解调器；③ 将视频传输到用户设备时，通过不同的无线-可见光网络及其 MIMO多路复用传输链路传送不同的视频部分，并在用户设备处无缝聚合以提高鲁棒性；④ 利用波束赋形的到达角（Angle of Arrival，AoA）来计算用户设备相对于 RRLH的位置，将此与 VLC 定位技术结合以获得室内分米级精度的定位效果；⑤ 将 VLC传输模块集成在便携式设备中。

（7）无线-可见光安全架构

这部分的具体工作包括：① 开发能够识别异常 RRLH（灯具和毫米波）接入点的系统；② 开发能够识别异常 RRLH（灯具和毫米波）接收机的系统；③ 开发能够检测、预防和追踪本地攻击的系统；④ 提升安全管理等级与实时的网络状态更新；⑤ 开发隐私保护技术，拒绝攻击者获取与用户存在/位置/行为相关的信息。

1.3.2　室内智慧照明灯联网

如前文所述，我们目前正处于智能照明向人本照明，即向智慧照明过渡的阶段。智能照明的主要目的仍然是节约能源，利用 LED 光源亮度容易控制的特点，在灯具中结合了传感器及智能驱动，通过传感器实时监控与跟踪感知外界环境参数，根据用户的需求对 LED 完成开关灯控制、亮度调节、色温调节甚至色彩控制，从而实现多种功能化照明。而智慧照明（人本照明）则是照明控制的高级阶段，在智能照明控制的基础上，随着物联网和云计算技术的兴起，基于大数据及机器学习等人工智能技术，通过主动感知用户所处环境、理解用户照明喜好、挖掘用户照明需求，自动构建舒适健康的照明环境[48]。

智能照明和智慧照明的边界存在一定的模糊性，若硬性加以区分，则可以这么来理解：智能照明按照人们定义好的控制逻辑来工作，而智慧照明则能够主动、智能地规划控制逻辑，以实现以人为本的照明目标，这个进步靠大数据和机器学习等人工智能技术来推动。

智慧照明的智慧程度是随着相关技术的发展和应用需求的深入挖掘而逐渐深化的。在人们的日常工作和生活的多个方面中，室内智能照明控制系统正在为人们提供多种服务并带来显著的社会效益，主要包括以下几个方面。

（1）节能及降低照明设备运维成本

通过多个照明控制策略，在满足照明需求的基础上最小化照明能耗，譬如：光照度分布控制、带动静感应和位置传感的照明控制、日光采集和窗帘联动的照明控制、分时间区段自动调光控制等。本着节能的目标和对节能效益共享的探索，还催生了新的商业模式，即：分享节能效益的合同能源管理，为了节能最大化和降低灯具替换、检修成本，灯具的能耗统计、工作状态监控和故障上报功能是必须的。

（2）实现特定工作场景或氛围

照明控制是智能会议控制系统的一个子系统，根据会议议程的需要，照明现场需要在多个场景模式之间切换，譬如欢迎模式、休息模式、投影模式、会议模式等。另外，在某些特定场合，譬如展览馆、剧院、室内种植养殖等，对灯光环境参数要求很严格，需要通过智能照明控制系统来调节 LED 光源参数，才能产生适合的光环境：适合的照度和光照分布、亮度/波长/颜色/色温搭配、视觉诱导、增强色彩和质感、增强分辨率等。

（3）调节人体生物节律

健康照明，不仅包括合适的亮度、无眩光和无频闪等视觉健康需求，还包括工作安全和效率提高、生物节律调节，甚至疾病康复等方面心理和生理健康需求。通过对人体机能在一天内随自然光变化的规律进行研究，初步结果表明：适度亮度下的高色温环境可以有效抑制人体褪黑素分泌、诱发警觉度、提高工作效率；高色温但亮度不够的环境中，人们会感到阴沉和情绪低落；而低色温环境可以刺激褪黑素、促进放松与睡眠。通过智能照明控制系统，按照一天内自然光的变化规律，在室内模拟自然光的光环境，能提供符合人们健康需求的 LED 生理照明环境，以提高照明舒适度、调节生物节律、改善情绪、提高工作效率、辅助治疗疾病等。

（4）物联网下的照明联动

在物联网大潮及万物互联趋势的冲击下，传统的照明产业在致力于自身的产业升级，逐步融入智能家居、智能建筑以及智慧城市体系。在未来的智能家居、智能建筑和智慧城市这一大体系、大平台的概念下，所有设备将通过信息的自动感知、交互、智能分析和控制融合在一起，照明设备能和其他业务设备之间互联互通、协同联动来达到人本照明的效果。举例来说：智能建筑中理想的智能会议系统平台，能融合灯光系统、投影仪、显示器、电动屏幕、电动窗帘、多麦克风及音箱等设备。在准备播放 PPT 时，相关设备协调联动如下：电动屏幕自动展开，投影仪和显示器自动开启，灯光系统自动切换到投影模式，电动窗帘会根据窗外光照强度和室内投影模式照明自动调整遮阳角，PPT 主讲者的麦克风进入工作状态，而其他麦克风进入噤声状态；PPT 播放完毕，进入会议讨论议程时，相关设备开始新的协调联动：投影仪自动关闭，散热降温，灯光系统自动切换到会议模式，电动窗帘会根据窗外光照和室内会议模式照明自动调整遮阳角，参会者面前的麦克风全部进入工作状态。

（5）拓展基于智能照明系统的其他增值服务

提供和照明本身相关的服务是智慧照明系统的另外一个目标，譬如为动物服务（养殖照明）与植物服务（植物照明）等，基本服务的特征是智能照明系统关注于 LED 灯具输出光的亮度、颜色、色温、波长等参数方面的智能控制，并通过一系列传感、反馈和控制等手段，实施实时监控。

为有效支持上述智慧照明的功能需求，信息技术的支撑是重要的基础。但单纯依靠独立的信息网络支撑照明网络实现上述功能，也面临着建设成本、系统工作可靠性、部署周期等一系列的挑战。为此，基于 LED 照明基础设施的灯联网（Internet of Lighting，IoL）的概念应运而生，如图 1-6 所示。

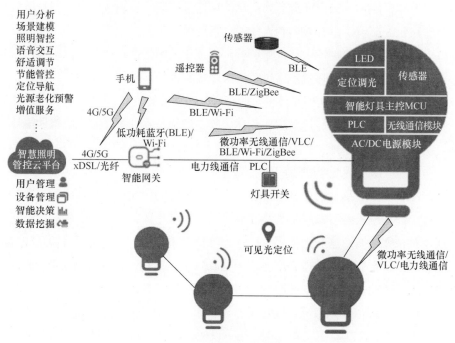

图 1-6 智慧照明灯联网

通过图 1-6 我们可以清楚地看到，在 IoL 中的每一盏灯，除了具备常规照明的基本功能（对应于灯具内的 AC/DC 电源模块和 LED 芯片）外，还承担着传感（图 1-6 中灯具模块的传感器、定位等功能模块）、信息接入与传输（图 1-6 中灯具模块的无线通信模块、PLC 模块等）以及控制[图 1-6 中调光灯模块和智能灯具主控微控制单元（Microcontroller Unit，MCU）]功能，也可以将其视为集传感、传输和控制于一体的灯联网末端节点。

LED 灯具中集成的通信功能模块可以将传感器所获取的相关信息以直接或者中继的方式，经智能网关传送到智慧照明管控云平台。在平台处完成数据汇总、分析、决策等一系列处理后，形成反馈控制命令并通过灯联网自身的传输网络，将控制命令下达到灯具，完成完整的智慧照明闭环控制，并为将来在硬件基础设施的支持下提供多媒体信息服务奠定基础。这个深度异构融合的网络架构，充分利用了照明网络和电力网络天然的连接，并借助信息技术手段构成一个集感知、传输和控制于一体的信息深度融合网络。

归纳起来，IoL 的核心理念是为避免基础设施的重复建设，基于智能照明系统的设施资源，来拓展照明业务之外的增值服务。具体而言，智能照明系统有如下的设施资源或者照明业务特征可被利用。

（1）现成的供电线和密集泛在的灯具分布

有人的地方就有照明，室内照明灯具密集分布，照明灯具遍布社会每一个角落。由于 LED 灯具和供电线路具有天然共存关系，可以借助 PLC 技术和 PLC/以太网网关，将每盏 LED 灯接入互联网。只需要将 PLC 芯片植入灯具，LED 灯具就可以接收并转发电力线上输送的信息，而不需要为每盏 LED 灯单独铺设网线。概括起来就是"有灯的地方就有电，有电的地方就有信息传输网络"，这极大降低了信息接入成本。密集分布的智慧灯具，可以成为微型信息节点，成为一张天然的、独立于电信部门基站布设的泛在信息网。用户不需要支付昂贵的无线电频段使用费，也不需要和 Wi-Fi 等射频无线网络争抢早已拥挤不堪的免费频段。

集成了智慧照明功能的灯具有望在未来作为智慧城市的信息发布节点（广播或警报信息）和信息接收节点（分布式传感网），发挥巨大的作用。这些微型的"基站"比电信部门的基站布设得更密集、更无处不在（即使在地下隧道内）、更节能、更安全、更绿色环保、不需要购买无线频谱。智慧灯具将成为物联网世界巨大的末梢感知和信息网络，环境类传感信息（温湿度、气压、污染指数），有毒气体（煤气、甲烷等）泄漏检测传感信息，火灾/烟雾检测传感信息等，都能通过集成于灯具的小型传感器来获得。密集泛在的智慧灯具，作为信息接收节点，结合最新的边缘计算等技术，完全可以实现多维、联合与协同感知。

简而言之，智慧照明系统作为传统 LED 照明产业的升级，尤其在将来电力光缆大量普及的助推下，可以逐步走向智慧城市建设的中心，实现照明网、电力网和信息网的三网融合。

（2）固定的灯具布设位置

每盏 LED 灯都具有唯一编号，对应于固定的位置坐标，这使得基于位置的服务（Location Based Services，LBS）得以精确到每一盏灯的位置。可以设想，用户通过附近的灯将自己的位置传送给云端，然后云端通过灯为用户提供对应的位置服务信息，以支持定位导览、人员资产追踪、商品信息推送及导购、公共安全及人员搜救等服务。基于灯具的室内定位技术及其应用，将成为户外定位技术及应用的补充。

（3）LED 灯具输出的可见光

可见光通信将通信与照明有机结合，开发可见光新型频谱资源，依托广泛覆盖的照明网络实现"照中通"，为解决室内网络的"末端接入"和"深度覆盖"问题提供了崭新手段。具有可见光通信功能的 LED 灯具，可实现定位、音视频传输、宽带接入互联网等功能。

根据一般性的物联网概念，结合智慧照明系统的特点，面向灯联网的特殊应用场景，我们可以将灯联网应用中亟须解决的关键问题进行归纳，智慧照明灯联网研发目标如图 1-7 所示。

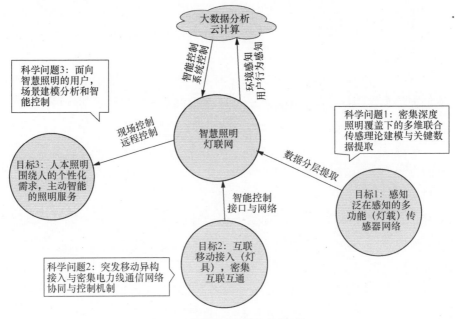

图 1-7　智慧照明灯联网研发目标

如图 1-7 所示，灯联网各层既定目标间密切相关，通过定义好的标准接口构成一个完整的异构网络。但同时又彼此相对独立，可以在搭建好的 IoL 融合网络平台上，逐步集成相关功能，实现功能升级和性能改善。

① 感知层的目标是通过灯具实现包括对环境和人的行为的感知。为此需要重点研究高光效互联互通智慧 LED 灯具集成、密集泛在的协同多维传感理论模型与关键数据提取等技术，提高感知的准确性并降低待传输的数据量。

② 网络层的目标是支持人与灯具互联互通，包括智能终端与灯具间互联互通，以及灯具与互联网间互联互通。为此，需要研究有线与无线融合的信息传输网络架构和资源调度策略。重点研究支持突发移动、异构接入和密集电力线通信网络协同与控制机制，确保连接的可靠性和覆盖的泛在性。

③ 控制层最终需要完成对环境的智能控制，即基于大数据和人工智能分析传感数据，控制灯光和智能家电等设备，实现智能化、个性化服务。为此，需要面向智慧照明的用户、场景建模分析和智能控制开展研究工作。

灯联网的概念非常广泛，根据应用需求、所采用的系统方案与关键技术的不同，相关研究工作与研制工作的侧重点也有很大的差异。因为多需要依托已有的照明网络，所以结合照明约束的研究，近期非常多[49]。通过以上初步的介绍，读者会发现一个很有趣的现象：IoRL 更像是灯联网偏重于信息传输网络的一个版本，而灯联网应该是广义物联网的一个有机组成部分，而且因为结合了可见光照明应用的特点，有望在未来承载更多的功能。

1.4　未来展望

回顾可见光通信在核心技术、系统性能和网络架构等方面在过去一段时间内的发展，可以用突飞猛进、方兴未艾来形容。除了本书介绍的以 LED 为载体的研究与应用方向外，结合当前的技术进展动态和未来应用趋势，我们可以大胆预测未来基于激光的可见光通信在室外（譬如：车联网、智慧城市），特别是空间通信中的巨大应用前景；也可以从智慧照明的角度，聚焦具有可见光通信功能的灯联网在室内光健康方面的研究领域和应用潜力。

1.4.1　基于激光的可见光通信技术与网络

空间光通信技术主要针对星间、星空、空空、空地等多种链路需求，并正在向支持深空和海下通信应用的方向发展。激光所独具的良好方向性和高功率，可以支持语音、图像和数据等多媒体信息的无线长距离传输。这种方式具有传输速率高、通信容量大、抗电磁干扰能力强、保密性好、体积小、重量轻和功效高等优点，能够充分满足保密通信、应急信息传输的要求[50]。

1.4.2　基于 IoL 的光健康技术与应用

基于 IoL 的光健康技术与应用的工作近期引起了相当大的关注，光健康包括视觉健康与非视觉健康，两者存在一定的关联性，但后者的影响更为广泛，譬如考虑护理空间的健康光线环境，以防止老年人抑郁。一些研究工作试图系统地分析在室内照明环境下老年人抑郁症的光学干预疗法，并将建筑物内当前光环境状况与老年人的视觉、心理和生理特征相结合[51-53]。另外，光刺激可以有效缓解抑郁症或其他心理疾病。已有的研究结果表明，通过改变室内照明环境的强度和色温，有望提供一种新型非侵入式的光疗方法，可以根据疾病的类型、病情的严重程度和个人特点，对光疗的最佳剂量、光强度和照明持续时间进行智能调整。与传统药物治疗相比，光疗具有易于控制和实施且副作用可忽略不计的优势。更重要的是，光疗可以提供与常规药物兼容的辅助手段来治疗精神疾病，从而有效缓解并加速改善症状 [54-57]。

参考文献

[1]　Strategic Roadmap 2025 of the European Lighting Industry[EB].

[2]　YAMAZATO T, TAKAI I, OKADA H, et al. Image sensor based visible light communication for automotive applications[J]. IEEE Communications Magazine, 2014, 52(7): 88-97.

[3]　ELAMASSIE M, MIRAMIRKHANI F, UYSAL M. Performance characterization of underwater visible light communication[J]. IEEE Transactions on Communications, 2019, 67(1): 543-552.

[4] 黄鑫. 室内光通信系统组网技术研究[D]. 南京: 东南大学, 2015.

[5] 刘建辉. 室内可见光通信组网关键技术研究与实现[D]. 郑州: 信息工程大学, 2015.

[6] 张馨跃. 室内可见光网络组网架构[D]. 北京: 北京邮电大学, 2014.

[7] MINH H L, O'BRIEN D, FAULKNER G, et al. 100 Mbit/s NRZ visible light communications using a postequalized white LED[J]. IEEE Photonics Technology Letters, 2009, 21(15): 1063-1065.

[8] CHUN H, MANOUSIADIS P, RAJBHANDARI S, et al. Visible light communication using a blue GaN μLED and fluorescent polymer color converter[J]. IEEE Photonics Technology Letters, 2014, 26(20): 2035-2038.

[9] CHUN H, RAJBHANDARI S, FAULKNER G, et al. LED based wavelength division multiplexed 10 Gbit/s visible light communications[J]. Journal of Lightwave Technology, 2016, 34(13): 3047-3052.

[10] CHUN H, GOMEZ A, QUINTANA C, et al. A wide-area coverage 35 Gbit/s visible light communications link for indoor wireless applications[J]. Scientific Reports, 2019, 9(1): 4952.

[11] BIAN R, TAVAKKOLNIA I, HAAS H. 15.73 Gbit/s visible light communication with off-the-shelf LEDs[J]. Journal of Lightwave Technology, 2019, 37(10): 2418-2424.

[12] COSSU G, KHALID A M, CHOUDHURY P, et al. 3.4 Gbit/s visible optical wireless transmission based on RGB LED[J]. Optics Express, 2012, 20(26): B501-B506.

[13] WANG Y, HUANG X, ZHANG J, et al. Enhanced performance of visible light communication employing 512 QAM N-SC-FDE and DD-LMS[J]. Optics Express, 2014, 22(13): 15328-15334.

[14] CHI N, ZHANG M, ZHOU Y, et al. 3.375 Gbit/s RGB-LED based WDM visible light communication system employing PAM-8 modulation with phase shifted Manchester coding[J]. Optics Express, 2016, 24(19): 21663-21673.

[15] ZHU X, WANG F, SHI M, et al. 10.72 Gbit/s visible light communication system based on single packaged RGBYC LED utilizing QAM-DMT modulation with hardware pre-equalization[C]//Proceedings of the Optical Fiber Communication Conference. Washington: OSA Publishing, 2018.

[16] 杨宇, 刘博, 张建昆, 等. 一种基于大功率 LED 照明灯的可见光传输系统[J]. 光电子激光, 2011, 22(6): 803-807.

[17] LI H, CHEN X, GUO J, et al. A 550 Mbit/s real-time visible light communication system based on phosphorescent white light LED for practical high-speed low-complexity application[J]. Optics Express, 2014, 22(22): 27203-27213.

[18] DONG H, ZHANG H, LANG K, et al. OFDM visible light communication transmitter based on LED array[J]. Chinese Optics Letters, 2014, 12(5): 52301.

[19] YU B, ZHANG H, DONG H. Optimized 481 Mbit/s visible light communication system using phosphorescent white LED[J]. Chinese Optics Letters, 2014, 12(11): 110606.

[20] WU T C, CHI Y C, WANG H Y, et al. Tricolor R/G/B laser diode based eye-safe White lighting communication beyond 8 Gbit/s[J]. Scientific Reports, 2017, 7(1).

[21] HUANG Y F, CHI Y C, CHEN M K, et al. Red/green/blue LD mixed white-light communication at 6 500K with divergent diffuser optimization[J]. Optics Express, 2018, 26(18): 23397-23410.

[22] WEI L Y, HSU C W, CHOW C W, et al. 20.231 Gbit/s tricolor red/green/blue laser diode based bidirectional signal remodulation visible-light communication system[J]. Photonics Research, 2018, 6(5): 422-426.

[23] WEI L Y, CHOW C W, CHEN G H, et al. Tricolor visible-light laser diodes based visible light communication operated at 40.665 Gbit/s and 2 m free-space transmission[J]. Optics Express, 2019, 27(18): 25072-25077.

[24] YEH C H, CHOW C W, WEI L Y. 1 250 Mbit/s OOK wireless white-light VLC transmission based on phosphor laser diode[J]. IEEE Photonics Journal, 2019, 11(3).

[25] BURTON A, LE MINH H, GHASSEMLOOY Z, et al. Experimental demonstration of 50 Mbit/s visible light communications using 4×4 MIMO[J]. IEEE Photonics Technology Letters, 2014, 26(9): 945-948.

[26] CHEN T, LIU L, TU B, et al. High-spatial-diversity imaging receiver using fisheye lens for indoor MIMO VLCs[J]. IEEE Photonics Technology Letters, 2014, 26(22): 2260-2263.

[27] HSU C W, CHOW C W, LU I C, et al. High speed imaging 3×3 MIMO phosphor white-light LED based visible light communication system[J]. IEEE Photonics Journal, 2016, 8(6).

[28] LI J, XU Y, SHI J, et al. A 2×2 imaging MIMO system based on LED visible light communications employing space balanced coding and integrated PIN array reception[J]. Optics Communications, 2016, 367: 214-218.

[29] HONG Y, CHEN L G, ZHAO J. Experimental demonstration of performance-enhanced MIMO-OFDM visible light communications[C]//Proceedings of the Optical Fiber Communication Conference. Washington: OSA Publishing, 2017.

[30] WERFLI K, CHVOJKA P, GHASSEMLOOY Z, et al. Experimental demonstration of high-speed 4×4 imaging Multi-CAP MIMO visible light communications[J]. Journal of Lightwave Technology, 2018, 36(10): 1944-1951.

[31] RAJBHANDARI S, CHUN H, FAULKNER G, et al. Neural network-based joint spatial and temporal equalization for MIMO-VLC system[J]. IEEE Photonics Technology Letters, 2019, 31(11): 821-824.

[32] GUO X, CHI N. Superposed 32QAM Constellation design for 2×2 spatial multiplexing MIMO VLC systems[J]. Journal of Lightwave Technology, 2020, 38(7): 1702-1711.

[33] LIN B J, GHASSEMLOOY Z, XU J, et al. Experimental demonstration of compressive sensing-based channel estimation for MIMO-OFDM VLC[J]. IEEE Wireless Communications Letters, 2020, 9(7): 1027-1030.

[34] YIN L, POPOOLA W O, WU X, et al. Performance evaluation of non-orthogonal multiple

access in visible light communication[J]. IEEE Transactions on Communications, 2016, 64(12): 5162-5175.

[35] MARSHOUD H, KAPINAS V M, KARAGIANNIDIS G K, et al. Non-orthogonal multiple access for visible light communications[J]. IEEE Photonics Technology Letters, 2016, 28(1): 51-54.

[36] YANG Z, XU W, LI Y. Fair non-orthogonal multiple access for visible light communication downlinks[J]. IEEE Wireless Communications Letters, 2017, 6(1): 66-69.

[37] LIN B J, YE W, TANG X, et al. Experimental demonstration of bidirectional NO-MA-OFDMA visible light communications[J]. Optics Express, 2017, 25(4): 4348-4355.

[38] CHEN C, ZHONG W D, YANG H, et al. On the performance of MIMO-NOMA-based visible light communication systems[J]. IEEE Photonics Technology Letters, 2018, 30(4): 307-310.

[39] YANG Y, CHEN C, ZHANG W, et al. Secure and private NOMA VLC using OFDM with two-level chaotic encryption[J]. Optics Express, 2018, 26(26): 34031-34042.

[40] CHEN C, ZHONG W D, YANG H, et al. Flexible-rate SIC-free NOMA for downlink VLC based on constellation partitioning coding[J]. IEEE Wireless Communications Letters, 2019, 8(2): 568-571.

[41] SONG J, CAO T, ZHANG H. A low complexity NOMA scheme in VLC systems using pulse modulations[C]//Proceedings of the 2020 29th Wireless and Optical Communications Conference (WOCC). Piscataway: IEEE Press, 2020.

[42] ITU-R REPORTS Visible light for broadband communications[EB].

[43] JAWAD N, SALIH M, ALI K, et al. Smart television services using NFV/SDN network management[J]. IEEE Transactions on Broadcasting, 2019, 65(1): 404-413.

[44] COSMAS J, ZHANG Y, ZHANG X. Internet of radio-light: 5G broadband in buildings[C]//European Wireless 2017. Piscataway: IEEE Press, 2017.

[45] COSMAS J B, MEUNIER B K, ALI K, el al. 5G Internet of radio light services for supermarkets[C]//2017 14th China International Forum on Solid State Lighting: International Forum on Wide Bandgap Semiconductors China (SSLChina: IFWS). Piscataway: IEEE Press, 2017.

[46] COSMAS J B, MEUNIER B K, ALI K, el al. A scaleable and license free 5G internet of radio light architecture for services in train stations[C]//EW of Conference. Piscataway: IEEE Press, 2018.

[47] ZHANG Y, ZHANG H, COSMAS J, et al. Internet of radio and light: 5G building network radio and edge architecture[J]. Intelligent and Converged Networks, 2020, 1(1): 37-57.

[48] 曹箫洪, 宋健, 张洪明, 等. 智慧照明: 让生活更美好[J]. 科技纵览, 2017, 000(11): 73-75.

[49] WANG T, YANG F, SONG J, et al. Dimming techniques of visible light communications for human-centric illumination network: state-of-the-art, challenges, and trends[J]. IEEE Wire-

less Communications, 2018.

[50] 白帅, 王建宇, 张亮, 等. 空间光通信发展历程及趋势[J]. 中国激光, 2015, 52(7): 1-14.

[51] ESPIRITU R, KRIPKE D, ANCOLI-ISRAEL S, et al. Low illumination experienced by San Diego adults: association with atypical depressive symptoms[J]. Biol Psychiatry, 1994, 35(6): 403-407.

[52] 崔哲, 陈尧东, 郝洛西. 基于老年人视觉特征的人居空间健康光环境研究动态综述[J]. 照明工程学报, 2016, 27(5): 21-26.

[53] CUI Z, HAO L, XU J. A study on the emotional and visual influence of the CICU luminous environment on patients and nurses[J]. Journal of Asian Architecture and Building Engineering, 2017, 16(3): 625-632.

[54] IACCARINO H, SINGER A, MARTORELL A, et al. Gamma frequency entrainment attenuates amyloid load and modifies microglia[J]. Nature, 2016, 540: 230-235.

[55] ADAIKKAHINNAKKARN C, MIDDLETON S, MARCO A, et al. Gamma entrainment binds higher-Order Brain Regions and Offers Neuroprotection[J]. Neuron, 2019, 102(5): 929-943.

[56] World Health Organization: Group Interpersonal Therapy (IPT) for Depression 2016[EB].

[57] SONG J, WANG X, ZHANG H, et al. Exploration of non-intrusive optical intervention therapy based on the indoor smart lighting facility[C]//2019 ITU Kaleidoscope. Atlanta: ICT for Health: Networks, Standards and Innovation, 2019.

第 2 章
LDPC 编码的上行多址
接入技术及方案

编码技术是克服传输过程中发生误码的有效手段，多址接入技术则是允许用户有效利用系统资源的保障。结合 LDPC 码和编码相关研究的进展，本章重点介绍基于 LDPC 编码的非正交多址方案并给出相关的设计案例。

2.1　非正交多址技术原理及现有方案

为了实现基站与其覆盖范围内多个用户的相互通信，多址接入技术一直是物理层的关键技术之一。按照不同用户的信号对信道资源的占用方式，多址接入技术可以分为正交多址接入（Orthogonal Multiple Access，OMA）技术和非正交多址接入（NOMA）技术。对于 OMA 技术和方案，在正交分割的单位时频资源上只允许一个用户的信号进行传输，这样相互正交的不同用户信号可以直接区分，否则不同用户的信号会产生碰撞。由于 OMA 技术具有接收端实现简单的优势，相关方案已经在现有无线通信系统中得到广泛应用。以移动通信系统为例，1G 移动通信系统采用了频分多址接入技术[1]，2G 移动通信系统采用了码分多址接入技术及时分多址接入技术[2-3]，3G 移动通信系统采用了直接序列扩频码分多址接入技术[4-7]，4G 和 5G 移动通信系统均采用了正交频分多址接入技术[8-10]。

对于 NOMA 技术和方案，单位时频资源可以被不同用户共享，相互叠加的不同用户信号在克服多址接入干扰或多用户干扰的条件下，也可以进行有效区分。网络信息论[11]指出，NOMA 技术可以达到多址接入信道容量域边界上的所有工作点，同时，NOMA 技术允许不同用户共享相同的信道资源。因此，NOMA 具有支持比 OMA 更高的用户负载和频谱效率的能力，其代价是更高的接收端复杂度以消除多用户信号之间的干扰。为了满足更加多样化的场景需求和更高的性能指标，5G 新空口（New Radio，NR）标准的技术预研中对新型多址技术展开研究[12-13]。学术界和工业界提出了多种 NOMA 技术及方案，包括交织多址接入（Interleave-Division Multiple Access，IDMA）[14-15]、低密度扩频多址接入（Low-Density Spreading Multiple Access，LDSMA）[16-17]、稀疏码分多址接入（Sparse Code Multiple Access，SCMA）[18]、多用户迭代检测的比特交织编码调制（Multi-User Bit-Interleaved Coded Modulation with Iterative Decoding，MU-BICM-ID）[19-20]、图样分割多址接入（Pattern Division Multiple Access，PDMA）[21-22]、多用户共享接入（Multi-User Shared Access，MUSA）[23]等。

联合解码和串行干扰消除是两类重要的上行 NOMA 接收端技术。串行干扰消除按照一定的顺序对多个用户的信号依次进行解调解码，成功解码并恢复一个用户的信号后，从接收信号中减去该用户的信号。对各用户信号的串行解调解码和消除降低了串行干扰消除接收端多用户检测（Multi-User Detection，MUD）的复杂度，使其在理想情况下仅与用户数成线性关系。在发送端和接收端信道状态信息都已知时，基于串行干扰消除的 NOMA 技术可以结合时间共享技术，达到多址接入信道容量域边界上的各个工作点[11,24-26]。在实际应用中，该技术存在错误传递和解码时延的问题。现有的 MUSA 和 PDMA 技术都有基于串行干扰消除的接收方案[21-23,27-28]。MUSA 采用具有较小互相关系数的复数短扩频序列进行用户区分。PDMA 采用短分割图样区分用户，并对时、频、空、码域等信道资源以及用户功率进行联合分配以使不同扩频序列的互相关系数最小化。相比传统直接序列扩频码分多址，MUSA 和 PDMA 因不要求不同用户的扩频序列或分割图样相互正交，可以显著提升支持的用户负载。MUSA 和 PDMA 有基于联合解码的接收方案[29]，可以用于多用户干扰较强、串行干扰消除性能较差的场景。

联合解码是对各个用户的信号进行联合的解调解码，基于联合解码的 NOMA 技术在一次块传输中可以直接达到高斯多址接入信道[24,30]或衰落多址接入信道[31]容量域边界上的各个点，这对于实时或突发传输等应用场景具有重要意义。在发送端信道状态信息已知时，串行干扰消除与联合解码的理论性能相当，都具有逼近容量的能力。但当发送端信道状态信息存在不确定性时，尤其是当用户功率和速率相对接近、多用户干扰较强时，串行干扰消除相对于联合解码的性能损失显著[32-33]。

基于联合解码接收端 MUD 的复杂度与具体的联合解码算法有关。最优的联合解码算法是最大似然联合解码，其计算复杂度随着接入用户数和一个传输块的码字长度的增加呈指数增长，故在实际系统中不可接受。因此，有学者提出了迭代联合解码算法[34-35]，在接收端迭代地进行 MUD 和信道解码，将接收符号中多个用户信号叠加产生的约束用于 MUD，将各个用户自身的传输比特约束用于各自的信道解码。现有的 LDSMA 和 SCMA 技术均在其接收端采用了迭代的消息传递算法（Message Passing Algorithm，MPA）[36]，利用信道资源占用的稀疏性以及低密度扩频序列或高维星座映射的约束进行迭代 MUD。在 IDMA 中，用户信号不经过扩频直接叠加，采用不同的交织器进行用户区分，其接收端采用了基于基本信号估计器（Elementary Signal Estimator，ESE）的逐符号 MUD，并迭代地进行 MUD 和信道解码。MU-BICM-ID 则将点对点传输中的比特交织编码调制技术扩展应用到上行 NOMA 中，对多个用户的星座映射与信道编码进行联合优化设计。

结合编码调制方案的优化设计，现有无线包括可见光通信系统中的 OMA 方案已经能够逼近点对点传输的信道容量。与 OMA 方案类似，实际的 NOMA 方案的性能与多用户编码调制方案密切相关。网络信息论可以用于分析预测不同 NOMA 技术的理论性能，但要想在实际系统中实现对应的理论性能，多用户编码调制方案的优化设计至关重要。低密度奇偶校验（LDPC）码是一种具有优异性能和结构的信道编码，因此，本章重点介绍 LDPC 编码的上行 NOMA 方案，以及对应的多用户编码调制方案的设计优化方法，可以在高谱效场景下，实现逼近多址接入信道容量的性能。考虑到照明约束下的 LED 带宽有限，这一特性在基于照明 LED 的可见光通信中显得尤为重要。与此同时，考虑到新兴的大规模机器类通信（Massive Machine-Type Communications，mMTC）和高可靠低时延通信（Ultra-Reliable Low-Latency Communications，uRLLC）等物联网/灯联网应用场景对无线通信系统提出的新需求、新挑战，包括低功耗大连接和高可靠低时延等，本章介绍基于 LDPC 编码和 NOMA 的随机接入技术及方案，结合多用户编码调制方案的优化设计，可以有效支持高用户负载和高吞吐率。最后，考虑到无线通信系统中用户接入和信道条件的复杂性，本章介绍具有更强鲁棒性的基于空间耦合 LDPC（Spatially Coupled LDPC，SC-LDPC）编码的多址接入方案，对不同的传输模式、信道条件和接收条件均具有鲁棒性，并能有效应对随机接入中接入用户数和总谱效的不确定性。

2.2 LDPC 码及 LDPC 编码的上行多址接入方案

2.2.1 LDPC 码及 LDPC 编码的上行多址接入方案简介

Gallager[37]于 20 世纪 60 年代提出了 LDPC 码，而 Mackay 等[38-39]于 20 世纪

90 年代对 LDPC 码进行了重新发现和研究。由于 LDPC 码可以在低复杂度的置信度传播（Belief Propagation，BP）解码算法下，逼近点对点传输的信道容量，该类信道编码在 20 世纪 90 年代以来得到了学术界和工业界的广泛关注。

一个 LDPC 码可以由其校验矩阵或等价的 Tanner 图表示。LDPC 码的校验矩阵是由 0 和 1 元素组成的稀疏矩阵；Tanner 图是一种二分图，由变量节点、校验节点以及连接这两种节点的边构成，分别对应于校验矩阵的各列、各行和 1 元素。准循环 LDPC（Quasi-Cyclic LDPC，QC-LDPC）码的校验矩阵由许多同样大小的零矩阵和循环移位矩阵（或多个不同循环移位矩阵之和）组成。其中，循环移位矩阵可以通过对一个单位矩阵的所有行进行循环移位得到。因此，QC-LDPC 码的校验矩阵也可以通过对一个较小的基矩阵进行提升（Lifting）得到，即将基矩阵中的 0 元素和非 0 元素分别替换为零矩阵和循环移位矩阵。该基矩阵也被称为原图（Protograph）。

QC-LDPC 码由于校验矩阵的结构化特征，有利于低复杂度的编解码器硬件实现，适合高吞吐率的应用场景，已经在多个现有无线通信系统中得到应用，例如 DVB-T2、DVB-S2、DVB-NGH、DTMB、DTMB-A、ATSC 3.0、IEEE 802.16e、IEEE 802.11n。在 5G NR 标准中，LDPC 码首次替代了 3G 和 4G 主要采用的信道编码方案 Turbo 码，被选为增强移动宽带（Enhanced Mobile Broadband，eMBB）场景的数据信道编码方案。

考虑到接收端实现复杂度等问题，目前无线通信系统中采用了 LDPC 编码的多址接入方案多为 OMA 方案。为了满足不断涌现的新型应用场景和服务类型，支持多码率、码长已经成为现有 LDPC 编码的 OMA 方案的设计趋势。例如，IEEE 802.11n 标准采用了 4 种不同的码率和 3 种不同的码长。DVB-NGH 标准中采用了 9 种不同的码率，ATSC 3.0 标准中则采用了 12 种不同的码率。然而，这些传统方案中不同码长、码率的 LDPC 码是单独设计、描述和存储的，当需要支持大范围、细颗粒度变化的码率和码长时，传统方案的编解码器硬件实现复杂度和码字描述复杂度都会急剧升高，在实际系统中的应用受到限制，难以满足未来无线通信系统中不断增长的多样化服务质量需求。RL-QC-LDPC（Raptor-Like QC-LDPC）码天然具有支持码率兼容、码长可扩展设计的结构优势。因此，码率兼容、码长可扩展的 RL-QC-LDPC 编码的多址接入方案有潜力满足更加多样化的服务质量需求，其码字的递增冗余特性还有利于混合自动重传请求（Hybrid Automatic Repeat Request，HARQ）的实现。事实上，该类型 LDPC 编码的 OMA 方案已经在 5G NR 标准中被采用[40]。

与此同时，对于 LDPC 编码的 OMA 方案，编码调制方案的优化设计已经可以面向单个或少数码率逼近点对点传输信道的容量，但 LDPC 编码的 NOMA 方案及多用户编码调制方案的优化设计仍然有待进一步研究。以 IDMA 为例，其本身是一种逼近容量的 NOMA 技术，结合 Turbo-Hadamard 码可以在支持 16 个用户叠加传输和 1 比特/符号的总谱效时，实现距离香农限仅 1.4 dB 的门限性能[15]。结合优化设计的重复码辅助的非规则重复累加（Repetition-Aided Irregular Repeat-Accumulate，R-IRA）码（也是一类 LDPC 码），可以在 10 个用户叠加传输和 2 比特/符号的总谱率时，实现距离香农限仅 1.61 dB 的门限性能[41]。但传统 IDMA 方案仍然存在码率灵活性受限的问题，且由于其 ESE 简化 MUD 的假设在单用户谱效和总谱效较高时失效，导致系统性能显著恶化，因而相关方案缺少面向较高单用户谱效（如 1 比特/符号）和总谱效（如 3 比特/符号）场景的优化设计。

2.2.2　码率兼容、码长可扩展的 RL-QC-LDPC 编码的上行 NOMA 方案

码率兼容、码长可扩展的 RL-QC-LDPC 码可以为 NOMA 方案带来如 2.1 节所述的性能优势和有益结构特征，因此，文献[42-43]将码率兼容、码长可扩展的 RL-QC-LDPC 码与 IDMA 结合，提出了改进 IDMA 方案，可以解决传统 IDMA 方案码率灵活性不足的问题。同时，针对传统 IDMA 方案在高谱效场景下的性能损失，改进 IDMA 方案面向用户数较少且总谱效较高的场景，将传统 IDMA 方案中基于 ESE 的 MUD 替换为逐符号 MAP MUD，使其具有逼近容量的能力。改进 IDMA 方案的系统模型如图 2-1 所示。

图 2-1 对应于 J 个用户同时向一个接收端进行块传输的上行 NOMA 系统。在发送端，各个用户的信息比特独立地进行信道编码得到编码比特，编码比特进行交织得到交织比特，最后对交织比特进行星座映射，得到待发送符号并同时进行传输。其中，信道编码包括码率兼容 RL-QC-LDPC 码（码率为 R_L）和重复码（码率为 R_{rep}），其中重复码是可选项，即 R_{rep} 可以为 1。当所需码率较低时，改进 IDMA

方案将码率兼容 RL-QC-LDPC 码与重复码级联，通过比特交织，等价为一个低码率的信道编码。与直接采用同样低码率的 LDPC 码相比，其码字设计及编解码的复杂度都更低。与传统 IDMA 方案不同，改进 IDMA 方案中不同用户的信号可以通过编码调制模式进行区分，包括信道编码、比特交织以及星座映射，更进一步地，不同的信道资源占用方式也可以辅助进行用户区分。比特交织还可以用于促进迭代联合解码接收端中外信息的有效传递。因而，改进 IDMA 方案也可以看作一种比特交织编码多址接入（Bit-Interleaved Coded Multiple Access，BICMA）方案，与点对点传输中的比特交织编码调制（Bit-Interleaved Coded Modulation，BICM）方案有类似之处。

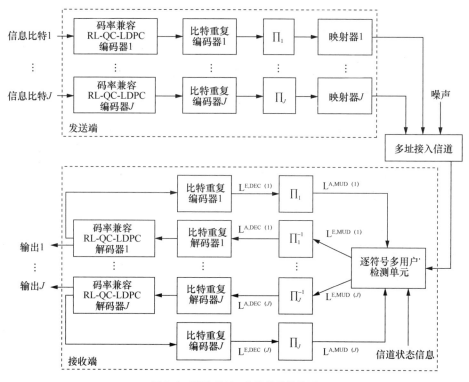

图 2-1　改进 IDMA 方案的系统模型

注：$\prod_j$ 和 $\prod_j^{-1}$ 分别为用户 j（$j=1,2,\cdots,J$）的比特交织器和解交织器。

在接收端，改进 IDMA 方案对接收信号进行迭代的逐符号 MUD 和信道解码。在逐符号 MUD 单元，当用户数较大且总谱效较低时，ESE 是一种有效的低复杂度算法，通过将其他用户信号之和当作加性高斯噪声（Additive White Gaussian Noise，AWGN）使逐符号 MUD 复杂度仅与用户数成线性关系，改进 IDMA 方案仍采用 ESE 算法。但当单用户谱效和总谱效较高时，传统 ESE 的假设造成的性能损失较大，改进 IDMA 方案采用逐符号 MAP MUD 以挽回平均互信息的损失。

具体来说，在逐符号 MAP MUD 时，J 个用户的发送星座符号被看作一个发送超符号，逐符号 MUD 单元结合信道状态信息以及比特先验信息，对接收的每一个叠加符号进行 MAP 解映射，可以得到超符号对应的每一个比特的外信息。比特先验信息和外信息都以对数似然比的形式在接收端进行传递。逐符号 MUD 单元输出的比特外信息被送到各个用户的解交织单元进行解交织，并作为先验信息输入到各个用户的信道解码单元，包括重复码和 LDPC 码解码。信道解码得到的比特外信息经过重复码编码和比特交织后，又反馈到逐符号 MUD 单元作为比特先验信息。为了简化描述，本章将 MUD 单元与信道解码单元之间的迭代称为外迭代，将信道解码单元内 LDPC 码的解码迭代称为内迭代。改进 IDMA 方案采用了文献[44]提出的接收端实现架构，其 MUD 和信道解码单元都可以独立进行运算并保留中间运算结果，有利于降低接收端复杂度，实现高效的外信息传递以及接收端各计算单元的灵活调度。

对于码率兼容的 RL-QC-LDPC 码设计，文献[42-43]采用了逐块扩展的设计方法。其扩展过程示意如图 2-2 所示。

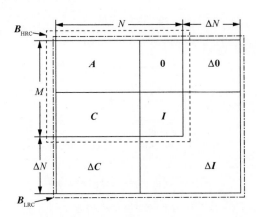

图 2-2　最高码率基矩阵 B_{HRC} 扩展得到较低码率基矩阵 B_{LRC} 示意

对于一个 RL-QC-LDPC 码，其大小为 $M \times N$ 的基矩阵 B 可以表示为

$$B = \begin{bmatrix} A & 0 \\ C & I \end{bmatrix} \qquad (2\text{-}1)$$

受 Raptor-Like 结构约束，子矩阵 I 和 0 分别为单位矩阵和零矩阵，而 A 和 C 是需要设计的子矩阵。采用变量节点打孔技术，将与基矩阵中 P 列对应的编码比特打孔，可以提升方案的门限性能，对应的 LDPC 码率为 $R_L=(N-M)/(N-P)$。对大小为 $M \times N$ 的最高码率的基矩阵 B_{HRC} 进行逐块扩展可以得到较低码率基矩阵 B_{LRC}。如图 2-2 所示，在 B_{HRC} 上添加 ΔN 行和 ΔN 列得到的 B_{LRC} 的码率为 $R_L=(N-M)/(N+\Delta N-P)$。由于扩展后的 B_{LRC} 仍需保持 Raptor-Like 结构，B_{HRC} 中子矩阵 I 和 0 扩展后仍为单位矩阵和零矩阵，只有子矩阵 C 扩展的 ΔN 行需要进行优化设计。

码率兼容的 RL-QC-LDPC 码本身的特征可以提升改进 IDMA 方案的码率灵活性，并保证优异的多用户编码调制方案的存在性，但仍然需要精确的分析方法来指导多用户编码调制方案的优化设计。码率兼容的 RL-QC-LDPC 编码、迭代联合解码的 NOMA 系统的性能分析和预测比 OMA 系统更为复杂。由于各用户信号相互正交，OMA 方案的分析可以采用简化的点对点传输的信道模型。其渐近性能分析主要关注 LDPC 解码器内部的迭代过程，可以采用多边类型密度进化（Multi-Edge Type Density Evolution，MET-DE）[45-46]或其简化算法，如倒数信道近似（Reciprocal Channel Approximation，RCA）[47-48]或基于原图的外信息传递（Protograph-Based Extrinsic Information Transfer，P-EXIT）分析[49-50]等。

调度接入和随机接入中的 NOMA 方案由于存在多用户干扰，仍然对应于点对多点传输的多址接入信道模型，直接采用面向点对点传输优化的编码调制方案可能造成性能损失，支持的总谱效、用户负载和系统吞吐率较低。在改进 IDMA 系统中，MUD 与信道解码单元之间的外迭代对消除多用户干扰、实现最终成功解码至关重要，渐近性能分析需要综合分析外迭代以及信道解码单元内的内迭代。

文献[43]提出了 MET-DE 与外信息传递（Extrinsic Information Transfer，EXIT）图结合，提出了 MET-DE 辅助的 EXIT（简称 DE-EXIT）分析方法用于改进 IDMA 方案的性能分析和优化设计。DE-EXIT 分析中的 EXIT 图被用于研究 MUD 单元和信道解码单元（包括 LDPC 码和重复码）之间的外迭代过程。MET-DE 则被用于得到一个基矩阵对应的 RL-QC-LDPC 码集合的 EXIT 特性及曲线，从而在 LDPC

编码方案设计的过程中不需进一步地进行码字构造。基于 RL-QC-LDPC 码的准循环结构，基矩阵中一个非零元素对应的 Tanner 图中的所有边为同一类型，不同非零元素对应的边为不同类型。

EXIT 图最早是分析迭代系统收敛行为的有效工具。对于一个软入软出（Soft-Input Soft-Output）模块，给定输入先验信息 I_A，可以得到输出外信息 I_E，从而得到其 EXIT 曲线上的一个点(I_A, I_E)。通过测量输入和输出平均互信息，可以用 EXIT 曲线建模该模块的输入输出特性。DE-EXIT 分析的 EXIT 图中包括 MUD 单元的 EXIT 曲线和信道解码单元的反转 EXIT 曲线（由 EXIT 曲线交换横纵坐标得到）。这两条 EXIT 曲线之间的折线轨迹可以用于指示 MUD 与信道解码单元间的迭代过程，两条曲线的第一个交点则代表了迭代过程的收敛，这也决定了改进 IDMA 系统的渐近性能。面积定理还指出，EXIT 曲线间通道的面积对应于成比例的传输速率损失。因此，在 DE-EXIT 匹配设计中，MUD 的 EXIT 曲线要高于信道解码的反转 EXIT 曲线，二者之间有一个狭窄的通道直到第一次相交，且交点对应的信道解码输出外信息要接近于 1。

图 2-3 所示为一个 DE-EXIT 分析示例，其中，圆点实线为 DVB-S2 中的 1/2 码率 LDPC 码的反转 EXIT 曲线，圆圈虚线为点对点传输系统中单用户解映射的 EXIT 曲线，十字虚线为改进 IDMA 系统中 3 用户叠加传输时逐符号 MAP MUD 的 EXIT 曲线，单用户与多用户的情况均采用格雷（Gray）正交相移键控（Quadrature Phase Shift Keying, QPSK）星座映射。从图 2-3 中可以看出，信道解码的反转 EXIT 曲线与单用户解映射 EXIT 曲线匹配很好，二者之间有一个狭窄的通道，这是由于 DVB-S2 中的 1/2 码率 LDPC 码主要面向点对点传输优化，是传统意义上的强码，其信道解码的反转 EXIT 曲线呈阶梯状。但是由于多用户干扰的存在，3 用户 MUD 的 EXIT 曲线起点比单用户解映射更低、曲线更加倾斜。该码的反转 EXIT 曲线与 3 用户 MUD 的 EXIT 曲线提前相交，无法有效克服多用户干扰。

基于 DE-EXIT 分析工具，采用逐块扩展和度分布优化方法，文献[42]给出了一组优化设计的实例。该实例面向总谱效 3 比特/符号的场景，设计了 4 个兼容的码率 R_L 分别为 1/2、3/8、3/10、1/4，基矩阵分别表示为 $\boldsymbol{B}_{1/2}$、$\boldsymbol{B}_{3/8}$、$\boldsymbol{B}_{3/10}$、$\boldsymbol{B}_{1/4}$，采用格雷 QPSK，分别对应 3、4、5、6 个叠加用户的情况。设计优化得到的基矩阵如图 2-4 所示，其中方块代表元素 1，十字代表元素 0，该实例未采用变量节点打孔，即 $P=0$。

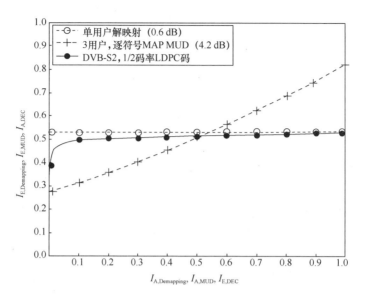

图 2-3　DE-EXIT 分析示例

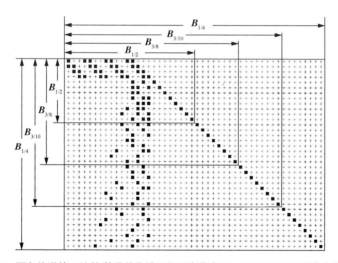

图 2-4　面向总谱效 3 比特/符号优化设计的码率兼容 RL-QC-LDPC 码的嵌套基矩阵

　　该组码率兼容 RL-QC-LDPC 码中 1/2 码率的 DE-EXIT 分析在图 2-5 中给出作为示例。圆点实线为优化设计的 1/2 码率的 $\boldsymbol{B}_{1/2}$ 的反转 EXIT 曲线，圆圈虚线为改进 IDMA 系统中逐符号 MAP MUD 的 EXIT 曲线，可以看出二者匹配非常好，在单用户信噪比（Signal to Noise Ratio，SNR）等于 4.2 dB 时仍可保持一个狭窄的通道。理论单用户 SNR 可以通过 $\mathrm{SNR}_{\mathrm{Shan}} = 10\lg((2^{J\eta_{\mathrm{u}}}) / J)\,(\mathrm{dB})$ 进行高斯输入，其中 η_{u} 为

单用户谱效，该场景中 SNR_{Shan} 为 3.68 dB，DE-EXIT 分析结果距离香农限仅 0.52 dB，说明改进 IDMA 方案通过优化设计具有逼近容量的性能。图 2-5 中用三角虚线给出了传统 IDMA 方案中基于 ESE 的 MUD 的 EXIT 曲线，该曲线位于逐符号 MAP MUD 的 EXIT 曲线下方，面积定理说明传统 IDMA 方案的 ESE 算法存在容量损失。类似地，对采用设计的 3/8、3/10 和 1/4 码率的 RL-QC-LDPC 码的改进 IDMA 系统进行 DE-EXIT 分析，其渐近 SNR 门限距离香农限分别仅为 0.57 dB、0.54 dB 和 0.43 dB。

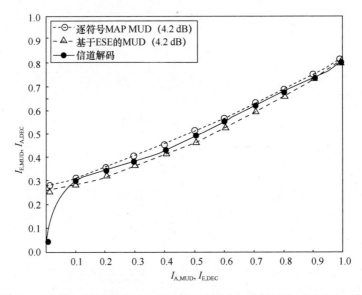

图 2-5　优化设计的码率兼容 RL-QC-LDPC 码中 1/2 码率的 DE-EXIT 分析示例

最后，给出该设计实例的仿真结果。对图 2-4 中的基矩阵进行提升，提升因子为 256，1/2、3/8、3/10 和 1/4 码率的信息位长度均为 3 072，对应的码长分别为 6 144、8 192、10 240 和 12 288，仿真中对应的叠加用户数分别为 3、4、5 和 6。对于 1/2、3/8 和 3/10 码率，外迭代次数为 20，1/4 码率的外迭代次数为 40，内迭代每进行 3 次与 MUD 单元交互一次外信息。在误码率（Bit Error Ratio，BER）为 10^{-4} 处，1/2、3/8、3/10 和 1/4 码率的实例对应仿真 SNR 门限，距离高斯输入时的理论单用户 SNR 门限的距离分别为 1.98 dB、1.94 dB、1.72 dB 和 2.01 dB，考虑到实际系统中有限码长和有限迭代次数带来的损失，BER 仿真结果与 DE-EXIT 的渐近分析预测是一致的，验证了优化设计改进 IDMA 系统的性能。

2.2.3　基于 LDPC 编码和 NOMA 的随机接入方案

5G 提出四大技术场景，包括连续广域覆盖、热点高容量、高可靠低时延与低功耗大连接，其中后两个是 5G 新扩展的技术场景。随机接入可以降低调度接入所需的信令开销，从而降低时延和终端功耗，但会引入用户信号碰撞的问题。NOMA 技术天然地支持用户信号叠加传输，是 5G、可见光通信系统中解决随机接入中用户信号碰撞的有效手段。相比传统的基于 OMA 的随机接入技术，如 ALOHA 等，基于 NOMA 的随机接入技术在提升支持的用户负载的同时，可以大幅降低用户单次传输的中断概率[51]。

与调度接入场景中的 NOMA 方案类似，基于 NOMA 的随机接入方案的多用户编码调制方案同样需要优化设计，以便在随机接入场景中逼近理论性能。与此同时，由于随机接入中接入用户数具有很强的不确定性，基于 NOMA 的随机接入方案还需要对叠加用户数的变化具有鲁棒性。以文献[52-53]中提出的基于改进 IDMA 的随机接入方案为例，该方案可以支持逐行扩展的细颗粒度码率兼容特征，采用基于边分类的扩展（Edge-Classification Based Extension，ECE）算法进行多用户编码调制方案的优化设计，并通过引入比特重复码提升方案对于叠加用户数变化的鲁棒性。

考虑多个用户向一个接收端进行块传输的上行 NOMA 系统，接收端的每一个传输块上的用户到达数（或称为该传输块上的活跃用户数）为 J，是一个随机变量，不妨假设其服从期望为 λ 的泊松分布，λ 对应一个传输块上的用户平均到达率，在下文中也称为用户负载。对于一个具有 J 个活跃用户的传输块，注意，在随机接入中 J 对不同的传输块可能是不同的，对应的系统模型即为 J 个叠加用户的改进 IDMA 的系统模型（如图 2-1 所示）。

5G-NR LDPC 码可以直接用于基于改进 IDMA 的随机接入方案，简称 "5G-NR LDPC 编码方案"，本节首先展示 5G-NR LDPC 编码方案在随机接入场景下的个体中断性能，作为后续优化设计的参考基准。假设各个用户均采用 BPSK，具有相同的单用户谱效 $\eta_u = R_L R_{rep}$，用户负载为 λ 时，可以定义平均总谱效 $\eta_s^{avg} = \lambda \eta_u$。分析不同 E_b / N_0 时，具有理想编码调制和联合解码接收端的随机多址接入系统的个体中断情况，可以得到基于改进 IDMA 的随机接入方案的理论个体中断概率，如图 2-6 中实心方块和实心圆曲线所示。其中，单用户谱效为 $\eta_u = 1/8$ 比特/符号，考虑两种不同的平均总谱效 $\eta_s^{avg} = 0.3$ 及 0.8 比特/符号，对应的用户负载分别为 $\lambda = 2.4$ 和 6.4。

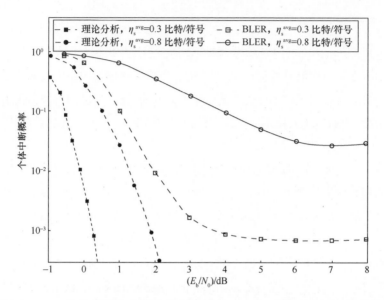

图 2-6　$\eta_u = 1/8$ 比特/符号时，理论个体中断概率与 5G-NR LDPC 编码方案的仿真性能

本节展示的 5G-NR LDPC 编码方案采用了来自 5G NR 标准中的 BG 2，主要考虑基矩阵信息位长度为 $K=10$、校验位长度为 $M=\{17,18,\cdots,42\}$ 的情况，对应的嵌套基矩阵如图 2-7 所示（方块和十字分别代表 1 和 0），支持的码率 $R_L = K/(K+M-P)$ 范围为 1/5 到 2/5。该矩阵的预编码矩阵为左上角的大小为 $G \times (K+G)$ 的子矩阵，其中参数 $G=4$。提升因子为 $Z=32$，对应码字的信息位长度仅为 320，因此相关讨论可以为 mMTC 小分组传输等实际场景的设计提供指导和参考。在误块率（Block-Error Rate，BLER）仿真中，MUD 与信道解码单元之间的外迭代次数设为 15，在每一次外迭代后，信道解码单元内部进行一次重复码解码和 6 次 LDPC 迭代解码。5G-NR LDPC 编码方案仿真得到的个体中的概率曲线如图 2-6 中空心圆和空心方块曲线所示，系统参数为 $R_L = 1/4$ 和 $R_{rep} = 1/2$。

在个体中断概率为 $p_{out} = 0.1$ 处，对于 $\eta_s^{avg} = 0.3$ 比特/符号的场景，BLER 仿真得到的 E_b/N_0 门限距离理论分析得到的门限仅为 1.60 dB。这表明 5G-NR LDPC 编码方案在随机接入中能以较好的性能支持较低的平均总谱效。然而，当平均总谱效升高时，例如 $\eta_s^{\text{avg}} = 0.8$ 比特/符号，仿真门限到理论门限的距离增加为 3.51 dB。这表明 5G-NR LDPC 编码方案在高平均总谱效和高用户负载时，性能面临严重的恶化，且一些情况下，由于个体中断概率曲线上的中断平台甚至不能达到 p_{out}=0.01。因此，对于需要更高可靠性的场景，相应的方案需要专门面向低中断和误码平台进行优化设计。

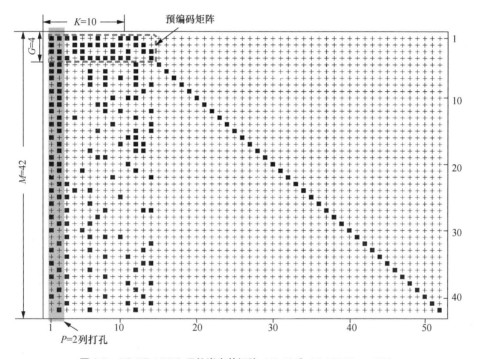

图 2-7　5G-NR LDPC 码的嵌套基矩阵（K=10 和 M={17,18,…,42}）

文献[52]提出了 ECE 算法用于基于改进 IDMA 的随机接入方案的优化设计，在支持逐行扩展的细颗粒度码率兼容特征的同时，可以提升系统吞吐率和用户负载。相比于上一节采用的基于度分布优化的逐块扩展方法，ECE 算法支持的码率颗粒度更细，能更好地实现不同码率性能的折中。在对码率兼容 RL-QC-LDPC 码的基矩阵进行逐行扩展的过程中，每扩展一行，都相当于在对应的 Tanner 图中添加一个校验节点和一个度为 1 的变量节点，新添加的校验节点与已有变量节点之间的边需要进行设计和优化，会产生很多候选基矩阵。在 OMA 方案设计中，候选基矩阵的渐进性能分析复杂度较低，但在基于联合解码的 NOMA 方案设计中，需要追踪 MUD 单元与信道解码单元之间的消息传递，这使得改进 IDMA 系统渐近性能分析的计算复杂度比 OMA 系统显著增加。同时，逐行扩展是一种贪婪扩展算法，如何保证各次扩展得到的不同码率基矩阵都有很好的性能也是一个重要问题。每行扩展时保留多个种子有利于下一行扩展得到性能好的基矩阵，但种子数量太多会导致计算复杂度太高。

因此，ECE 算法的核心思想是在提出的两种边分类方法的辅助下，有效降低需进行渐进性能分析的候选基矩阵数量，并同时保证保留的种子基矩阵的多样性。根据基矩阵的 Tanner 图中的边所连接的变量节点的度、校验节点的度、以及变量节点的信道类型（例如是否打孔），文献[52]提出了两种边分类方法 EC-I 和 EC-II，以及对应的边类型谱，从而对候选基矩阵进行分类。得益于此，ECE 算法可以有效减少待分析的候选基矩阵数量，从而可以采用集束搜索算法，保留多个种子用于下一次扩展，而不是只保留一个种子。总体来说，边分类方法 EC-I 被用于降低需要进行渐近性能分析的候选基矩阵的数量，可以提升每一行扩展的计算有效性，并降低计算复杂度。边分类方法 EC-II 被用于保证选中的种子基矩阵中有足够的多样性，有助于在逐行扩展的过程中实现不同码率基矩阵的性能折中。在两种边分类方法的辅助下，ECE 算法中基矩阵的扩展和优化可以被有效加速。关于 ECE 算法的更多描述和细节可以进一步参考文献[52-53]。

采用 ECE 算法，文献[52]对 5G-NR LDPC 编码方案进行了优化设计。结合码率 $R_{rep}=1/2$ 的重复码，对图 2-7 所示预编码矩阵面向第 5～42 行进行逐行扩展。采用该优化码族的基于改进 IDMA 的随机接入方案简称"优化方案"。为了提升方案支持的平均总谱效，优化码族的 $M=5$～16 的基矩阵的目标用户数为 $M+1$，$M=17$～42 的基矩阵的目标用户数为 18。对于 $M=17$～42 对应的主要码率，优化方案在目标用户数时的渐进门限性能分析结果如图 2-8 所示。可以看出，对于 $M=17$～22，优化方案的渐进门限到理论门限的距离随着 M 的增大而减小，这是由于对应的设计自由度也增大了；对于 $M=23$～42，渐近门限到理论门限的距离均小于 0.70 dB。

在随机接入场景中，5G-NR LDPC 编码方案与优化方案的性能对比在图 2-9 和图 2-10 中给出，其中，优化方案的 BLER 仿真参数设置与前述 5G-NR LDPC 编码方案相同。实际门限由对应方案进行 BLER 仿真得到，理想门限由假设理想编码调制进行理论个体中断分析得到，实际门限和理想门限对应的个体中断概率均为 $p_{out}=0.1$，方案的吞吐率 $T=\lambda\eta_u(1-p_{out})$。

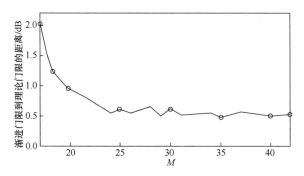

图 2-8　具有不同校验位长度 M 的基矩阵，其 DE-EXIT 分析预测的渐近门限到理论门限的距离

　　如图 2-9 所示，考虑实际门限到理想门限的距离最大为 4 dB 的情况。对于不采用重复码的 5G-NR LDPC 编码方案，虽然其支持的用户范围可以通过降低 LDPC 码率得到一定的扩展，其支持的最大吞吐率对于 3 个 LDPC 码率都依然非常有限。对于优化方案，由于其设计的目标用户数较大，在较低吞吐率处的性能差于 5G-NR LDPC 编码方案，但高吞吐率场景下的性能可以得到极大改善，方案的最大吞吐率得到显著提升。对于 R_L=1/5 和 1/3 的情况，5G-NR LDPC 编码方案的最大吞吐率分别为 0.61 比特/符号和 0.50 比特/符号，而优化方案的最大吞吐率分别提升为 1.19 比特/符号和 1.78 比特/符号。

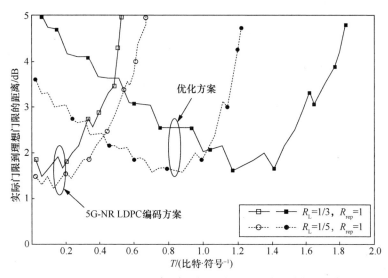

图 2-9　R_{rep}=1 和 R_L=1/5、1/3 时，实际门限到理想门限的距离与吞吐率 T 的关系

　　在图 2-10 中，我们可以观察到重复码对方案性能的影响。依然考虑实际门限

到理想门限的距离最大为 4 dB 的情况，两个方案支持的最大用户负载都可以在重复码的辅助下得到提升。以优化方案为例，对于 $R_{rep}=1$ 和 $R_{rep}=1/4$ 的情况，支持的用户负载范围分别为 0.22～6.11 及 3.71～31.68。此外，对于每一个重复码码率，优化方案在高用户负载时的门限性能都比 5G-NR LDPC 编码方案有显著提升。

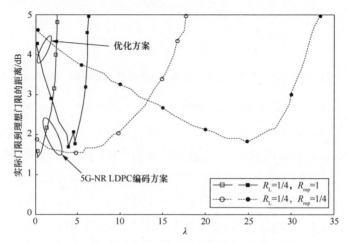

图 2-10　$R_{rep}=1$、$R_{rep}=1/4$ 和 $R_L=1/4$ 时，实际门限到理想门限的距离与用户负载 λ 的关系

2.2.4　基于空间耦合 LDPC 码的多址接入方案

不断涌现的新型应用场景、多样化的用户终端类型以及复杂的无线通信环境对未来多址接入方案的鲁棒性提出了更高的需求。

① 多种多样的应用和服务要求无线通信系统支持具有不同码率和星座映射阶数的多种编码调制模式，以便实现多种不同的传输速率。

② 功耗和复杂度等约束的不同导致多种类型用户终端的出现，包括但不限于具有单/多发射和接收天线，以及接收端独立/迭代解映射。

③ 由于无线通信环境的复杂性以及低时延约束等，信道状态信息在发送端可能是未知的，尤其是在随机接入等场景下。

④ 不同于调度接入，随机接入中一个传输块上接入的活跃用户数 J 和总谱效 η_s 也存在不确定性，且通常在发送端是未知的。

基于传统 LDPC 码的 OMA 方案能够在低复杂度的 BP 解码算法下逼近点对点传输的信道容量，已经在现有多个包括可见光通信在内的无线通信系统中得到应用；在调度接入的场景下，基于传统 LDPC 码的 NOMA 方案可以通过有效的多用户编码调制方案优化设计，面向目标用户数和目标谱效实现逼近多址接入信道容量域理论界的性能。但基于传统 LDPC 码的多址接入方案往往需要面向特定的目标场景进行优化设计，当场景改变时，优化的方案可能会出现性能损失，甚至解码失败。以基于传统 LDPC 码的 NOMA 方案为例，面向特定叠加用户数 J 和总谱效 η_s 优化设计的方案在接入用户数和总谱效改变时，会出现一定程度的性能恶化。在上一节中，基于改进 IDMA 的随机接入方案可以通过引入重复码，减缓门限性能随着叠加用户数 J 增加而恶化的速度，但随着总谱效 η_s 变化的速度仍然很难改善。

近年来，SC-LDPC 码被证明具有通用最优的特性[54-56]，这说明基于 SC-LDPC 码的多址接入方案具有在不同接入用户数、总谱效、编码调制模式、用户终端类型及信道条件的场景下展现出通用最优性能的潜力。相比于需要面向不同场景进行单独的优化设计的基于传统 LDPC 码的多址接入方案，基于 SC-LDPC 码的多址接入方案可以简化系统设计和实现的复杂度。此外，为了在高谱效场、强干扰场景下实现逼近容量的性能，传统 LDPC 码的平均列被设计得较低，这会破坏码字的最小码距的线性增长特性，导致 BLER 曲线中出现相对较高的误码平台，降低系统的可靠性，而 SC-LDPC 码设计中则不受这样的限制。

一个 SC-LDPC 码的 Tanner 图可以通过将多个 LDPC 子码的 Tanner 图进行空间耦合得到。SC-LDPC 码可以看作一类后两端被终止的 LDPC 卷积码，这为 SC-LDPC 码带来了门限饱和效应，即，当 SC-LDPC 码的耦合长度、平滑参数、子码码长和解码迭代次数都足够大时，SC-LDPC 码的 BP 解码门限可以逼近子码的最大后验概率（Maximum A-Posteriori，MAP）解码门限，从而可以在不同信道中展现出通用最优的特性。准循环 SC-LDPC（Quasi-Cyclic SC-LDPC，QC-SC-LDPC）码的基矩阵 $\boldsymbol{B}_{SC}$ 同样具有空间耦合的结构，如式（2-2）所示。

$$
\boldsymbol{B}_{SC} = \begin{bmatrix}
\boldsymbol{B}_0^1 & & & \\
\boldsymbol{B}_1^1 & \boldsymbol{B}_0^2 & & \\
\vdots & \boldsymbol{B}_1^2 & \ddots & \\
\boldsymbol{B}_w^1 & \vdots & \ddots & \boldsymbol{B}_0^L \\
& \boldsymbol{B}_w^2 & \ddots & \boldsymbol{B}_1^L \\
& & \ddots & \vdots \\
& & & \boldsymbol{B}_w^L
\end{bmatrix}_{(L+w)M_{unc} \times LN_{unc}}
\tag{2-2}
$$

其中，L 个大小为 $M_{unc} \times N_{unc}$ 的子码基矩阵 $\boldsymbol{B}_{unc}^1, \boldsymbol{B}_{unc}^2, \cdots, \boldsymbol{B}_{unc}^L$，通过边扩展进行空间耦合，每个子码基矩阵边扩展后得到大小为 $(w+1)M_{unc} \times N_{unc}$ 的边扩展图样 $\boldsymbol{B}_{pattern}^l = [\boldsymbol{B}_0^{l\mathrm{T}}, \boldsymbol{B}_1^{l\mathrm{T}}, \cdots, \boldsymbol{B}_w^{l\mathrm{T}}]^{\mathrm{T}}$，$l = 1, 2, \cdots, L$，$(\cdot)^{\mathrm{T}}$ 表示矩阵转置，$\boldsymbol{B}_{unc}^l = \boldsymbol{B}_0^l + \boldsymbol{B}_1^l + \boldsymbol{B}_w^l$。$L$ 称为空间耦合长度，w 称为平滑参数。子码码率称为真码率，记为 $R_{true} = (N_{unc} - M_{unc})/N_{unc}$，QC-SC-LDPC 的码率称为设计码率，记为 $R_{design} = (LN_{unc} - (L+w)M_{unc})/(LN_{unc})$，由于空间耦合链的终止，设计码率相对真码率存在不可避免的码率损失 $wM_{unc}/(LN_{unc})$。码率损失可以通过对 $\boldsymbol{B}_{SC}$ 进行行截短得到降低，即移除了 $\boldsymbol{B}_{SC}$ 的最后 $wM_{unc} - M_{remain}$ 行，以便将码率损失降低为 $M_{remain}/(LN_{unc})$。进一步地，增大 L 也可以降低码率损失。

SC-LDPC 码通用性的证明是基于渐进性能分析，面向无限码长、子码长 n_{unc}、耦合长度 L、平滑参数 w 及迭代次数。但受到应用场景的约束，实际无线通信系统中的总码长通常是有限的，这导致了有限的耦合长度、平滑参数和子码码长。受到接收端有限计算资源和复杂度的约束，解码迭代次数也是有限的。进一步地，考虑到随机接入场景中叠加用户数和总谱效的不确定性，该方案需要对不同的多用户干扰强度具有鲁棒性。因此，基于 SC-LDPC 码的方案设计中需要考虑实际无线通信系统的需求和参数约束，并面向不同多用户干扰强度进行联合优化，保持 SC-LDPC 码的通用最优性，这样有利于提出方案在实际多址接入场景中的应用[53, 57-58]。

文献[53, 57-58]提出了一种基于 QC-SC-LDPC 码的多址接入方案，其系统模型如图 2-11 所示，假设有 J 个用户正在同时进行上行传输。该方案采用了一类具有简化结构特征的 QC-SC-LDPC 码，第一个主要特征是其每一个子码完全相同，包括子码基矩阵、边扩展图样和提升。每一个子码的边扩展图样均为 $\boldsymbol{B}_{pattern} = [\boldsymbol{B}_0^{\mathrm{T}}, \boldsymbol{B}_1^{\mathrm{T}}, \cdots, \boldsymbol{B}_w^{\mathrm{T}}]^{\mathrm{T}}$。该类 QC-SC-LDPC 码的第二个主要特征是其边扩展图样和提升会进行专门优化，以便在有限 L、w、n_{unc} 和迭代次数的条件下，保持通用最优的特性。此外，这类 QC-SC-LDPC 码还具有一些面向应用和实现的有益特征。其子码基矩阵的结构非常紧凑，例如在本节的一个设计实例中采用了大小为 $M_{unc} \times N_{unc} = 1 \times 3$ 的子码基矩阵，有利于编解码器的简单实现。受益于完全相同的子码，该类的 QC-SC-LDPC 码可以基于一个构造好的码字，通过调整耦合长度 L 和提升因子 Z，很轻易地支持可扩展的码长 $n_{sc} = Ln_{unc} = LN_{unc}Z$。

得益于该类型 QC-SC-LDPC 码在实际系统参数约束下仍保留的通用最优

特性，提出的多址接入方案可以同时支持 OMA 和 NOMA 两种模式，也就是说，采用相同参数的同一个方案可以在点对点传输和多点对点传输两种系统中得到应用。NOMA 和 OMA 模式下，各用户的发送端都是相同的。当 $J > 1$ 时，系统内用户的信号在一个传输块上叠加，基于 QC-SC-LDPC 码的多址接入方案实现对 NOMA 的支持，接收端对接收信号进行逐符号 MUD。当 $J=1$ 时，系统内一个传输块上只有一个接入用户，基于 QC-SC-LDPC 码的多址接入方案实现对 OMA 的支持，接收端对接收信号进行逐符号解映射。逐符号 MUD/解映射单元与信道解码单元之间的迭代称为外迭代，次数为 T_{out}。在信道解码单元内部，QC-SC-LDPC 解码的 VND 和 CND 的迭代被称为内迭代，总次数为 T_{in}，信道解码单元内部每迭代 $T_{in,\Delta} = T_{in} / T_{out}$ 次与逐符号 MUD/解映射单元交互 1 次外信息。

如图 2-11 所示，与基于传统 LDPC 码的多址接入方案不同，该基于 QC-SC-LDPC 码的多址接入方案采用了子码内交织器，以便对 SC-LDPC 码本身的通用最优性进行有效利用，是实现方案鲁棒性的必要条件。Π_j 是一个长度伪随机交织器，$j = 1, 2, \cdots, J$，其长度与一个子码的编码比特（包括 SC-LDPC 编码和重复码编码）长度一致，会对用户 j 的每一个子码的编码比特分别进行交织。各用户编码比特进行子码内交织、星座映射后得到的发送符号叠加传输，接收端的每一个接收符号对应的 J 个用户的叠加发送符号均对应于同一位置的子码，这使得在接收端和迭代 MUD/解映射以及解码的过程中，SC-LDPC 码的空间耦合的局部结构得以保留，从而可以实现 SC-LDPC 码的波浪形传递的解码。这对于 QC-SC-LDPC 码实现通用最优性至关重要。如果采用一个伪随机交织器对每个用户的所有编码比特进行全局交织，在迭代 MUD/解映射等情况下，QC-SC-LDPC 码会表现得类似一个传统 LDPC 码，而失去其通用最优的优势。

在有限 L、w、n_{unc} 和迭代次数的条件下，文献[53, 57-58]通过两步构造方法对基于 QC-SC-LDPC 码的多址接入方案进行优化设计。滑动窗口的 BP 解码可以有效降低基于 QC-SC-LDPC 码的方案迭代次数，但由于窗口解码的性能与其具体实现和窗口调度有关，后续给出的构造方法描述和设计实例主要面向标准 BP 解码，即对 QC-SC-LDPC 码整个码字进行全局迭代解码，但相关优化方法和思路对不同的解码算法均适用。

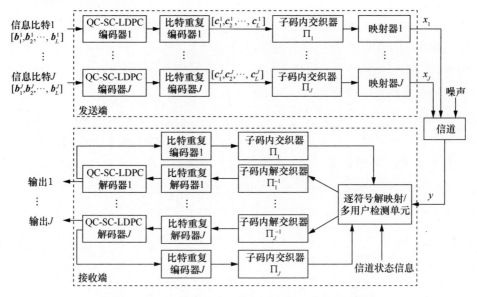

图 2-11　基于 QC-SC-LDPC 码的多址接入方案的系统模型

　　两步构造方法包括基矩阵设计和两级提升。首先，在基矩阵设计中，考虑有限 L、w 和迭代次数的约束。由于 QC-SC-LDPC 码的有限码长性能主要受到平滑参数 w 和子码长度 n_{unc} 的影响，其约束长度 $n_{const}=(w+1)n_{unc}$ 不应该太小。然而对于对总码长 n_{SC} 要求较短的场景，L 太小会导致 QC-SC-LDPC 码本身的码率损失较大，因此设计过程中需要对 L、w、n_{unc} 和 L 进行折中。对在不同的内外迭代次数 $T_{out}\times T_{in,\Delta}$ 下，两步构造方法对边扩展图样 $B_{pattern}$ 面向不同多用户干扰强度进行联合优化。然后，两步构造方法对设计好的 $B_{pattern}$ 进行空间耦合和行截短得到 QC-SC-LDPC 码的基矩阵 B_{SC}，并对 B_{SC} 进行两级提升得到最终的校验矩阵。两步构造方法利用第一级提升（Pre-Lifting）引入额外的设计自由度，并采用一般的置换矩阵扩大搜索空间。第二级提升（Post-Lifting）采用循环移位矩阵，保留准循环结构带来的硬件实现优势。在第一级和第二级提升中，两步构造方法不是仅考虑优先消除最短的环，而是优先消除具有较小近似环外消息度的短环。

　　下面给出两个设计实例以展示基于 QC-SC-LDPC 码的方案性能。第一个是 $R_{true}=1/2$ 的实例，基于该实例对基于 QC-SC-LDPC 码的多址接入方案在不同用户数 J 和总谱效 η_s 时的 BLER 性能进行验证和展示。该实例对应的参数为 $M_{unc}\times N_{unc}=1\times2$，$w=7$，$L=32$，$M_{remain}=1$，边扩展图样为

$$\boldsymbol{B}_{\text{pattern}}^{1/2} = \begin{bmatrix} 1 & 1 \\ 1 & 1 \\ 1 & 0 \\ 0 & 0 \\ 0 & 0 \\ 0 & 1 \\ 1 & 1 \\ 1 & 1 \end{bmatrix} \tag{2-3}$$

两级提升的总提升因子为 $Z = Z_{\text{pre}} Z_{\text{post}} = 120$，第一级和第二级提升因子分别为 $Z_{\text{pre}} = 5$ 和 $Z_{\text{post}} = 24$，子码长和总码长分别为 n_{unc}=240 和 n_{SC}=7 680。BLER 仿真中考虑的信道模型为 J 个用户的高斯多址接入信道，各个用户采用 BPSK，不采用重复码，即 R_{rep}=1。各场景下星座受限输入时的理论门限 SNR_{theo} 被作为性能参考。不同用户数 J 和总谱效 η_s 时，采用不同的迭代次数 $T_{\text{out}} \times T_{\text{in},\Delta}$，在 BLER = 10^{-2} 处仿真 SNR 门限到对应的理论门限 SNR_{theo} 的距离如图 2-12 所示。对于基于传统 LDPC 码的多址接入方案，在优化目标总谱效下可以实现逼近容量的性能，但门限性能会随着 η_s 偏离优化目标而出现较为严重的退化[52]。然而，在图 2-12 中我们可以看到，基于 QC-SC-LDPC 码的多址接入方案可以在 η_s 进行大范围变化时，譬如当总谱效从 0.48 比特/符号变化到 4.34 比特/符号时，仍然保持很好的门限性能。

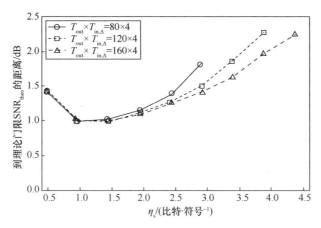

图 2-12　基于 QC-SC-LDPC 码的多址接入方案的仿真门限到理论门限的距离

第二个是 $R_{\text{true}} = 2/3$ 的实例，对基于 QC-SC-LDPC 码的多址接入方案在不同编码调制模式和信道条件下的鲁棒性进行验证和展示。该实例对应的参数为

$M_{unc} \times N_{unc} = 1 \times 3$，$w = 6$，$L = 40$，$M_{remain} = 2$，边扩展图样为

$$\boldsymbol{B}_{pattern}^{2/3} = \begin{bmatrix} 1 & 1 & 1 \\ 1 & 1 & 1 \\ 1 & 1 & 1 \\ 1 & 0 & 0 \\ 1 & 0 & 0 \\ 1 & 0 & 0 \\ 1 & 0 & 0 \end{bmatrix} \tag{2-4}$$

两级提升的总提升因子为 $Z = Z_{pre}Z_{post} = 768$，第一级和第二级提升因子分别为 $Z_{pre} = 6$ 和 $Z_{post} = 128$，子码长和总码长分别为 n_{unc}=2 304 和 n_{SC}=92 160。BLER 仿真中考虑的信道模型为 J 个用户的高斯多址接入信道，各个用户采用 BPSK，不采用重复码，即 R_{rep}=1。考虑到实际系统中存在单用户高速、高可靠传输的需求，例如，实时高清视频上传等，多址接入方案采用 OMA 技术能对此实现更好的支持。因此，本节的仿真验证中，基于 QC-SC-LDPC 码的方案采用 OMA 模式，结合较高的码率 $R_{true} = 2/3$ 和不同的调制阶数（包括 4、256、1 024 和 4 096），并与现有支持高谱效传输的基于传统 LDPC 码的 OMA 方案进行对比。4 种调制阶数对应的星座映射分别为 QPSK，以及 ATSC 3.0 标准中的 256、1 024 和 4 096 非规则星座映射（Non-Uniform Constellation，NUC）。两个对比方案（方案 A 和方案 B）分别采用 ATSC 3.0 标准中码长为 64 800 和 16 200 的两个 2/3 码率的 LDPC 码，与该实例中 QC-SC-LDPC 码的约束长度 n_{const}=16 128 是可比拟的。仿真中考虑 AWGN 和瑞利衰落两种信道模型，接收端均采用独立解映射，即 T_{out}=1。方案 A 和 B 的 LDPC 解码内迭代次数 T_{in} 设为 50，基于 QC-SC-LDPC 码的方案的 T_{in} 设为 250，这是由于 QC-SC-LDPC 解码具有波浪传递的特征，采用标准 BP 解码一直对整个 QC-SC-LDPC 码字进行解码会造成计算资源的浪费，预计采用窗口解码可以有效降低迭代次数和平均单比特计算复杂度。

在方案 A 和 B 中，采用的比特交织器来自 ATSC 3.0，面向不同的调制阶数和码率都进行过专门的优化设计。而在基于 QC-SC-LDPC 码的方案中，所有编码调制模式和信道条件下，均采用相同的伪随机子码内交织器。不同场景下，仿真 SNR 门限到理论门限的距离总结在表 2-1 中，其中"提出"代表基于 QC-SC-LDPC 码的方案。在 BER=10^{-5} 处，基于 QC-SC-LDPC 码的方案在 AWGN 信道中的 QPSK

模式下比方案 A 劣 0.01～0.07 dB。但是，在 BLER=10^{-3} 处，基于 QC-SC-LDPC 码的方案在所有模式下都比方案 A 更优一些。此外，无论是 BER 还是 BLER 仿真，基于 QC-SC-LDPC 码的方案的 SNR 门限性能都比方案 B 更好。仿真结果表明，虽然基于 QC-SC-LDPC 码的方案的系统参数没有面向、也不需面向各种模式进行单独的优化设计，仍然可以实现与方案 A 可以比拟甚至比方案 B 更优的仿真门限性能。

表 2-1　BER=10^{-5} 处与 BLER=10^{-3} 处的仿真 SNR 门限到理论门限 SNR$_{theo}$ 的距离

调制阶数	信道	SNR$_{theo}$/dB	BER=10^{-5} 处的 SNR 门限距离			BLER=10^{-3} 处的 SNR 门限距离		
			A	B	提出	A	B	提出
4	AWGN	2.30	0.42	0.59	0.37	0.47	0.60	0.45
	瑞利衰落	4.92	0.72	1.00	0.74	0.74	0.92	0.68
265	AWGN	16.39	0.75	0.95	0.80	0.82	0.97	0.74
	瑞利衰落	19.07	1.03	1.31	1.04	1.05	1.28	0.98
1 024	AWGN	20.54	0.88	—	0.92	0.96	—	0.87
	瑞利衰落	23.36	1.11		1.17	1.19		1.09
4 096	AWGN	24.51	1.03	—	1.09	1.13	—	1.01
	瑞利衰落	27.38	1.26	—	1.33	1.37	—	1.24

2.3　本章小结

本章围绕 LDPC 编码的上行多址接入这一通信系统中核心技术及方案主题，首先简要介绍了非正交多址接入技术的原理，包括基于联合解码或串行干扰消除的多址接入技术以及现有相关方案，然后重点介绍 LDPC 码和 LDPC 编码的上行多址接入方案。

与 LDPC 编码的 OMA 方案类似，LDPC 编码的 NOMA 方案也需要对多用户编码调制方案进行优化设计，以便逼近多址接入信道容量域边界，在实际系统中实现 NOMA 技术的理论性能。具体地，改进 IDMA 方案结合了具有优异性能和结构特征的码长可扩展、码率兼容 RL-QC-LDPC 码，可以改进传统 IDMA 方案码率码长灵活性受限以及高谱效场景下存在性能损失的问题。基于 DE-EXIT 分析，可以对改进 IDMA 这类迭代多用户检测和解码的 NOMA 方案进行渐进性能分析，并辅助方案的优化设计。优化后的改进 IDMA 方案可以在较高总谱效和单用户谱效场景下实现逼近容量的性能。进一步地，面向未来移动通信系统物联网场景的高可靠低时延、低功耗大连接需求，本章介绍了基于 NOMA 的随机接入方案，以基于改进 IDMA 的随机接入方案为例，展示其可以直接采用 5G-NR LDPC 码在较低用户负载和吞吐率场景下实现较好性能。采用 ECE 算法对基于改进 IDMA 的随机接入方案进行优化设计，不仅可以实现逐行扩展的细颗粒度码率兼容特性，还可以显著提升支持的用户负载和吞吐率。最后，本章介绍了基于 QC-SC-LDPC 码的多址接入方案，受益于 SC-LDPC 码本身的通用最优性，基于 QC-SC-LDPC 码的多址接入方案可以同时实现对 OMA 和 NOMA 模式的支持，并保持较好的门限性能。考虑实际系统的参数约束，包括有限码长、耦合长度、平滑参数和迭代次数等，基于 QC-SC-LDPC 码的多址接入方案可以通过两步构造方法，面向不同的多用户干扰强度进行联合优化。优化方案不需面向不同场景进行单独优化设计，对不同的传输模式、信道条件和接收条件均具有鲁棒性，并能有效应对随机接入中接入用户数和总谱效的不确定性。

由于编码和非正交多址技术是通信系统物理层传输和组网的关键基础技术，限于篇幅，本章未能针对具体的可见光系统（如第 1 章提到的 IoRL 系统）进行讨论并给出相关设计案例。有兴趣的读者，可以结合第 3、4 章的技术内容综合考虑可见光通信系统与网络的设计问题。

参考文献

[1] FRENKIEL R, SCHWARTZ M. Creating cellular: a history of the AMPS project (1971-1983)[history of communications][J]. IEEE Communications Magazine, 2010, 48(9): 14-24.

[2] Mobile station-base station compatibility standard for dual-mode wideband spread spectrum cellular system[S]. TIA/EIA Interim Standard-95, 1993.

[3] RAHNEMA M. Overview of the GSM system and protocol architecture[J]. IEEE Communications Magazine, 1993, 31(4): 92-100.

[4] WILLENEGGER S. CDMA2000 physical layer: an overview[J]. Journal of Communications and Networks, 2000, 2(1): 5-17.

[5] TOSKALA A, HOLMA H, MUSZYNSKI P. ETSI WCDMA for UMTS[C]//1998 IEEE 5th

International Symposiumon Spread Spectrum Techniques and Applications. Piscataway: IEEE Press, 1998: 616-620.

[6]　LI B, XIE D, CHENG S, et al. Recent advances on TD-SCDMA in china[J]. IEEE Communications Magazine, 2005, 43(1): 30-37.

[7]　VITERBI A J. CDMA: principles of spread spectrum communication[M]. Redwood City: Addison Wesley Longman Publishing Co., Inc., 1995.

[8]　Universal mobile telecommunications system (umts); technical specifications and technical reports for a utram-based 3GPP system[S]. 3GPP TS 21.101 v10.0.0 Release 10, 2011.

[9]　Technical specification group radio access network; NR; physical channels and modulation (release 15)[S]. 3GPP TS 38.211 v15.8.0, 2019.

[10]　Technical specification group radio access network; NR; NR and NG-RAN overall description; stage 2 (release 15) [S]. 3GPP TS 38.300 v15.8.0, 2019.

[11]　EL GAMAL A, KIM Y H. Network information theory[M].Cambridge: Cambridge University Press, 2011.

[12]　3GPP TR 38.802. Study on new radio (NR) access technology; physical layer aspects (release 14) [R]. 2017.

[13]　Study on non-orthogonal multiple access (NOMA) for NR; (release 16) [R]. 3GPP TR 38.901 V4.1.1, 2017.

[14]　LI P, LIU L, WU K, et al. Approaching the capacity of multiple access channels using interleaved low-rate codes[J]. IEEE Communications Letters, 2004, 8(1): 4-6.

[15]　LI P, LIU L, WU K, et al. Interleave division multiple-access[J]. IEEE Transactions on Wireless Communications, 2006, 5(4): 938-947.

[16]　HOSHYAR R, WATHAN F P, TAFAZOLLI R. Novel low-density signature for synchronous CDMA systems over AWGN channel[J]. IEEE Transactions on Signal Processing, 2008, 56(4): 1616-1626.

[17]　VAN DE BEEK J, POPOVIC B M. Multiple access with low-density signatures[C]//2009 IEEE Global Telecommunications Conference (GLOBECOM). Piscataway: IEEE Press, 2009: 1-6.

[18]　NIKOPOUR H, BALIGH H. Sparse code multiple access[C]//2013 IEEE 24th Annual International Symposium on Personal, Indoor, and Mobile Radio Communications (PIMRC). Piscataway: IEEE Press, 2013: 332-336.

[19]　CHEN S, PENG K, ZHANG Y, et al. Near capacity LDPC coded MU-BICM-ID for 5G[C]//2015 International Wireless Communications and Mobile Computing Conference (IWCMC). Piscataway: IEEE Press, 2015: 1418-1423.

[20]　ZHANG Y, PENG K, CHEN S, et al. A capacity-approaching multi-user BICM-ID scheme for multiple access channel[C]//2015 International Wireless Communications and Mobile Computing Conference (IWCMC). Piscataway: IEEE Press, 2015: 852-856.

[21]　ZENG J, LI B, SU X, et al. Pattern division multiple access (PDMA) for cellular future ra-

dio access[C]//2015 International Conference on Wireless Communications and Signal Processing (WCSP). Piscataway: IEEE Press, 2015: 1-5.

[22] CHEN S, REN B, GAO Q, et al. Pattern division multiple access (PDMA)-a novel non-orthogonal multiple access for 5G radio networks[J].IEEE Transactions on Vehicular Technology, 2016, 66(4): 3185-3196.

[23] YUAN Z, YU G, LI W, et al. Multi-user shared access for internet of things[C]//2016 IEEE 83rd Vehicular Technology Conference (VTC Spring). Piscataway: IEEE Press, 2016: 1-5.

[24] WYNER A D. Recent results in the Shannon theory[J]. IEEE Transactions on Information Theory, 1974, 20(1): 2-10.

[25] RIMOLDI B, URBANKE R. A rate-splitting approach to the Gaussian multiple-access channel[J]. IEEE Transactions on Information Theory, 1996, 42(2): 364-375.

[26] GOLDSMITH A. Wireless communications[M]. Cambridge: Cambridge University Press, 2005.

[27] YUAN Z, YAN C, YUAN Y, et al. Blind multiple user detection for grant-free MUSA without reference signal[C]//2017 IEEE 86th Vehicular Technology Conference (VTC-Fall). Piscataway: IEEE Press, 2017: 1-5.

[28] EID E M, FOUDA M M, ELDIEN A S T, et al. Performance analysis of MUSA with different spreading codes using ordered SIC methods[C]//2017 12th International Conference on Computer Engineering and Systems (ICCES). Piscataway: IEEE Press, 2017: 101-106.

[29] SINGH R R, MOHAMMED V N, LAKSHMANAN M, et al. Performance analysis of pattern division multiple access technique in SIC and PIC receiver[C]//2017 International Conference on Circuit, Power and Computing Technologies (ICCPCT). Piscataway: IEEE Press, 2017: 1-6.

[30] SHAMAI S, WYNER A D. Information-theoretic considerations for symmetric, cellular, multiple-access fading channels. I.[J]. IEEE Transactions on Information Theory, 1997, 43(6): 1877-1894.

[31] TSE D N, HANLY S V. Multiaccess fading channels. I. Polymatroid structure, optimal resource allocation and throughput capacities[J]. IEEE Transactions on Information Theory, 1998, 44(7): 2796-2815.

[32] CHEN S, PENG K, JIN H, et al. Analysis of outage capacity of NOMA: SIC vs. JD[J]. Tsinghua Science and Technology, 2016, 21(5): 538-543.

[33] ZHANG Y, PENG K, CHEN Z, et al. SIC vs. JD: uplink NOMA techniques for M2M random access[C]//2017 IEEE International Conference on Communications (ICC). Piscataway: IEEE Press, 2017: 1-6.

[34] BOUTROS J, CAIRE G. Iterative multiuser joint decoding: Unified framework and asymptotic analysis[J]. IEEE Transactions on Information Theory, 2002, 48(7): 1772-1793.

[35] CAIRE G, MULLER R R, TANAKA T. Iterative multiuser joint decoding: Optimal power allocation and low-complexity implementation[J]. IEEE Transactions on Information Theory,

2004, 50(9): 1950-1973.

[36] KSCHISCHANG F R, FREY B J, LOELIGER H A. Factor graphs and the sum-product algorithm[J]. IEEE Transactions on Information Theory, 2001, 47(2): 498-519.

[37] GALLAGER R. Low-density parity-check codes[J]. IEEE Transactions on Information Theory, 1962, 8(1): 21-28.

[38] MACKAY D J, NEAL R M. Near Shannon limit performance of low density parity check codes[J]. Electronics Letters, 1996, 32(18): 1645-1646.

[39] MACKAY D J. Good error-correcting codes based on very sparse matrices[J]. IEEE Transactions on Information Theory, 1999, 45(2): 399-431.

[40] Technical specification group radio access network; NR; multiplexing and channel coding (release 15) [S]. 3GPP TS 38.212 v2.0.0, 2017.

[41] SONG G, WANG X, CHENG J. A low-complexity multiuser coding scheme with near-capacity performance[J]. IEEE Transactions on Vehicular Technology, 2017, 66(8): 6775-6786.

[42] ZHANG Y, PENG K, SONG J. Enhanced IDMA with rate-compatible raptor-like quasi-cyclic LDPC code for 5G[C]//2017 IEEE Globecom Workshops (GC Wkshps). Piscataway: IEEE Press, 2017: 1-6.

[43] ZHANG Y, PENG K, WANG X, et al. Performance analysis and code optimization of IDMA with 5G new radio LDPC code[J]. IEEE Communications Letters, 2018, 22(8): 1552-1555.

[44] CHENG T, PENG K, LIU Z, et al. Efficient receiver architecture for LDPC coded BICM-ID system[J]. IEEE Communications Letters, 2015, 19(7): 1089-1092.

[45] RICHARDSON T, URBANKE R. Multi-edge type LDPC codes[C]//Workshop Honoring Professor Bob McEliece on His 60th Birthday, California Institute of Technology, Pasadena, California. Piscataway: IEEE Press , 2002: 24-25.

[46] ZHANG Y, PENG K, CHEN Z, et al. Progressive matrix growth algorithm for constructing rate-compatible length-scalable raptor-like quasi-cyclic LDPC codes[J]. IEEE Transactions on Broadcasting, 2018, 64(4): 816-829.

[47] CHUNG S Y. On the construction of some capacity-approaching coding schemes[D]. Cambridge: Massachusetts Institute of Technology, 2000.

[48] CHEN T Y, VAKILINIA K, DIVSALAR D, et al. Protograph-based raptor-like LDPC codes[J]. IEEE Transactions on Communications, 2015, 63(5): 1522-1532.

[49] VAN NGUYEN T, NOSRATINIA A, DIVSALAR D. The design of rate-compatible protograph LDPC codes[J]. IEEE Transactions on Communications, 2012, 60(10): 2841-2850.

[50] VAN NGUYEN T, NOSRATINIA A. Rate-compatible short-length protograph LDPC codes[J]. IEEE Communications Letters, 2013, 17(5): 948-951.

[51] DHILLON H S, HUANG H, VISWANATHAN H, et al. Fundamentals of throughput maximization with random arrivals for M2M communications[J]. IEEE Transactions on Com-

munications, 2014, 62(11): 4094-4109.

[52] ZHANG Y, PENG K, CHEN Z, et al. Construction of rate-compatible raptor-like qua-si-cyclic LDPC code with edge classification for IDMA based random access[J]. IEEE Access, 2019, 7: 30818-30830.

[53] 张好姝. LDPC 编码的上行多址接入方案的关键技术研究[D]. 北京: 清华大学, 2020.

[54] KUDEKAR S, RICHARDSON T J, URBANKE R L. Threshold saturation via spatial coupling: why convolutional LDPC ensembles perform so well over the BEC[J]. IEEE Transactions on Information Theory, 2011, 57(2): 803-834.

[55] KUDEKAR S, KASAI K. Spatially coupled codes over the multiple access chan-nel[C]//2011 IEEE International Symposium on Information Theory. Piscataway: IEEE Press, 2011: 2816-2820.

[56] KUDEKAR S, RICHARDSON T, URBANKE R L. Spatially coupled ensembles universally achieve capacity under belief propagation[J]. IEEE Transactions on Information Theory, 2013, 59(12): 7761-7813.

[57] ZHANG Y, PENG K, SONG J. Spatially coupled QC-LDPC for the tradeoff between MI-MO BICM and BICM-ID schemes[C]//2017 IEEE International Symposium on Broadband Multimedia Systems and Broadcasting (BMSB). Piscataway: IEEE Press, 2017: 1-4.

[58] ZHANG Y, PENG K, SONG J, et al. A robust uplink transmission scheme for interactive services in future broadcasting systems[C]//2019 IEEE International Conference on Elec-trical Engineering and Photonics (EExPolytech). Piscataway: IEEE Press, 2019: 161-164.

第 3 章
可见光多光源通信技术

因为可见光通信利用光束在空间中传输信息，所以很自然地可以利用光束天然具有的空间特性（如发射位置、指向角、发散角等）实现可见光通信的空间复用，比如，同一个接收机可以同时从室内多盏 LED 光源接收信息，从而提高通信容量。本章首先介绍基于可见光多光源协同的 MIMO 通信技术，然后分别讨论在发射端信道状态未知（Channel State Information Unknown at Transmitter, CSIUT）和发射端信道状态已知（Channel State Information Known at Transmitter, CSIT）情况下的可见光多光源协同通信系统的设计方法，最后讨论基于 MIMO 接收机的可见光定位技术和密集型可见光 MIMO 系统。

3.1　基于 LED 阵列的可见光通信 MIMO 系统

图 3-1 所示为典型的可见光通信 MIMO 系统结构框图[1]。在发射端将串行的数据流转换成并行的数据流，该并行路数由发射天线个数决定。并行的数据流通过驱动电路分别调制到发射天线端（即每个 LED 光源）上，经过调制后的光信号在室内空间中传播，最后到达接收机的探测器阵列被接收，通过光电转化过程变成电信号再经过后续的放大器进行放大处理。

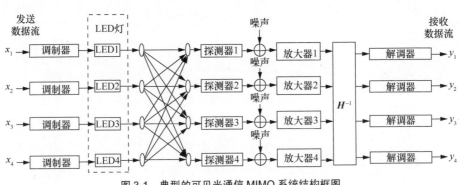

图 3-1　典型的可见光通信 MIMO 系统结构框图

假设系统在发射端使用 N_t 个 LED 灯，即 N_t 个发射天线，在接收端使用 N_r 个光电探测器，即 N_r 个接收天线，则最后接收机接收到的信号 $\boldsymbol{R}$ 可以用式（3-1）表示[2]。

$$\boldsymbol{R} = r\boldsymbol{H}\boldsymbol{P} + \boldsymbol{n} \tag{3-1}$$

其中，$\boldsymbol{P}=(P_1,\cdots,P_i,\cdots,P_{N_t})^{\mathrm{T}}$ 表示从 N_t 个 LED 光源上各自发送的光信号，

$R=(R_1,\cdots,R_i,\cdots,R_{N_r})^{\mathrm{T}}$ 表示相应接收的电信号。参数 r 表示光电探测器的响应度，$n=(n_1,\cdots,n_i,\cdots,n_{N_r})^{\mathrm{T}}$ 表示 N_r 维的信道噪声，简化起见，一般认为是加性高斯白噪声（AWGN），其各元素的均值为 0，方差为 σ^2。H 是代表光信号在室内由发射天线到达接收天线这个过程的 MIMO 信道矩阵，其通常可以表示为

$$H = \begin{bmatrix} h_{11} & \cdots & h_{i1} & \cdots & h_{N_t 1} \\ \vdots & & \vdots & & \vdots \\ h_{1j} & \cdots & h_{ij} & \cdots & h_{N_t j} \\ \vdots & & \vdots & & \vdots \\ h_{1N_r} & \cdots & h_{iN_r} & \cdots & h_{N_t N_r} \end{bmatrix} \quad (3\text{-}2)$$

其中，h_{ij} 表示从第 i 个发射天线到第 j 个接收天线的直流增益。

在接收端，根据接收的数据流 R，可以通过采用 MIMO 信号处理技术估计恢复出原发射端发送的每个独立的数据流 T_{est}[3]，其过程如下。

$$T_{\mathrm{est}} = H^{-1}R \quad (3\text{-}3)$$

其中，R 表示接收信号，H^{-1} 是信道矩阵 H 的逆矩阵，通常认为其在接收端是已知的。

由以上分析过程可知，一旦获得接收信号，根据系统的信道矩阵，可以依照 MIMO 信号处理方法恢复出原始的发送信号。其中，针对不同的 MIMO 系统，其对应的信道矩阵也有所差异。本节将介绍室内可见光通信 MIMO 系统的结构，包括非成像 MIMO 系统和成像 MIMO 系统，其主要区别在于接收机光电探测器阵列前所使用透镜的作用不同。在非成像系统中，在每个探测器前各自采用一个非成像透镜，对光束起简单的会聚作用，而在成像系统中，针对整个探测器阵列使用了一个大的成像透镜，对从不同方向到达的光线起映射作用。

3.1.1 非成像 MIMO 系统

图 3-2 所示为基于 LED 阵列的非成像 MIMO 系统结构。在该系统中，在接收机的 4 个探测器前各自放置了一个非成像透镜，该非成像透镜对到达其表面的光束进行会聚，由于检测方式为直接检测，多个发射天线的信号均能直接照射到非成像透镜上并被不同程度地会聚到接收机的每个探测器上面。

在该系统中，每个发射天线到接收天线的直流增益分别如式（3-4）所示[4]，以第 i 个发射天线到第 j 个接收天线的直流增益计算为例。

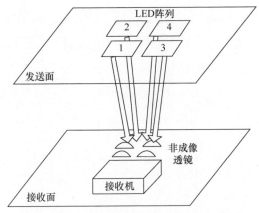

图 3-2　基于 LED 阵列的非成像 MIMO 系统结构

$$
h_{ij} = \begin{cases} V(r_i, r_j)T(\phi_{ij})\dfrac{A_j g(\varphi_{ij})}{d_{ij}^{\,2}}, & 0 \leqslant \varphi_{ij} \leqslant \varphi_c \\ 0, & \varphi_{ij} > \varphi_c \end{cases} \tag{3-4}
$$

其中，$V(r_i, r_j)$ 是直射视距链路判断表达式，当其为 1 时表示收发端之间存在一条不受障碍物阻挡的直射链路，当其为 0 时表示不存在。φ_{ij} 表示光源 i 在接收面 j 上的入射角，ϕ_{ij} 表示光源 i 到接收面 j 的发射角，$A_j g(\varphi_{ij})$ 表示接收面 j 对光源 i 的有效接收面积[5]，d_{ij} 表示收发端之间的距离。$T(\phi_{ij})$ 表示发射端光源的辐射模式，该辐射模式通常用朗伯分布来表示[6]，针对不同厂家不同型号的光源可以测出其实际的辐射模式并进行修正。φ_c 表示接收端的视场角范围。收发端几何关系示意如图 3-3 所示。

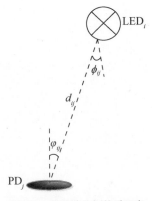

图 3-3　收发端几何关系示意

由于非成像 MIMO 系统接收机的每个探测器均具有独立的光学透镜系统，其多个探测器的位置如果没有经过精心设计，系统的信道矩阵 $\boldsymbol{H}$ 可能会出现不满秩的情况，导致无法根据式（3-3）恢复出原发射端发送的数据流。

3.1.2　成像 MIMO 系统

鉴于以上非成像 MIMO 系统中存在的问题，有研究人员提出了基于 LED 阵列的成像 MIMO 系统结构，如图 3-4 所示。在该系统中，接收机的探测器阵列面上使用了一个统一的成像透镜代替前面每个阵元各自独立的小透镜，利用该成像透镜将各个方向进入的光线映射到接收机探测阵列上的不同位置。每个探测器都被认为是一个像素，每个像素都可以作为一个独立的接收信道，最后同样根据接收的信号依据 MIMO 信号处理技术将每个独立的数据流提取出来。

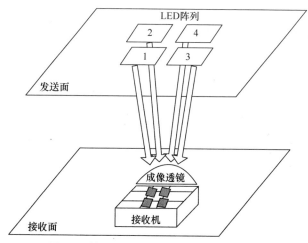

图 3-4　基于 LED 阵列的成像 MIMO 系统结构

不同于非成像 MIMO 系统，在成像 MIMO 系统中，每个 LED 光源都会以不同的比例投影到探测器阵列上，因此该系统的信道矩阵元素不仅包括发射天线和接收天线之间的直流增益，还应该对投影比例加以考虑，从而修正后的信道矩阵元素 h'_{ij} 表示如下[3]。

$$h'_{ij} = a_{ij} h_i \tag{3-5}$$

其中，h_i 表示第 i 个 LED 光源到达接收机的直流增益，a_{ij} 表示该光源在接收机上的投影落到第 j 个像素上的比例，其表示如下。

$$a_{ij} = \frac{S_{ik}(k=j)}{\sum_{k=1}^{N_r} S_{ik}} \qquad (3\text{-}6)$$

其中，S_{ik} 表示第 i 个 LED 光源的投影落到探测器阵列的第 k 个像素上的面积，因此式（3-6）等号右侧的分母就表示这个 LED 光源总的投影面积。

在该成像 MIMO 系统中，室内安置的每个 LED 光源发出的光将会投射到该阵列的一个或一组像素上，通过设计接收机的光学系统、光电探测器的尺寸和个数以保证信道矩阵始终满秩，克服了非成像 MIMO 系统中的缺点，而且由于该成像系统的光电探测器阵列共享一个光学透镜，在实际设计中降低了接收机的规模及相关成本，同时不需要像非成像 MIMO 系统中对多个透镜的位置摆放有较高的精度要求，便于使用。

3.2　室内多灯协同通信

如前文所述，可见光通信中的 MIMO 系统可分为成像 MIMO 系统和非成像 MIMO 系统两大类。成像 MIMO 系统是利用光学成像原理，将多个发射光源分别映射到接收面的不同位置上分别成像，通过对每个成像点的空间分离来区分多路光信号。一般情况下，成像 MIMO 系统可以设计为多个并行的一对一通信链路，这样意味着其信道矩阵一定满秩且为对角阵，可以很容易地实现多路信号的解码。成像 MIMO 系统的优点在于系统通信容量随着发射端光源和接收端 PD 数量的增加而线性增长，可以实现很高的通信速率，但缺点在于它对光链路的准直性要求高，且接收视场角小，很难支持接收端移动状态下的通信。与此不同，非成像 MIMO 系统不用光学成像方法，每个 PD 都能接收多路光信号的叠加。其解码是根据多个 PD 接收的信号联合解调。在提前训练得到 MIMO 信道矩阵后，可以利用线性代数的方法反解出多路发射的光信号。其优点在于应用灵活，接收视场角大，不需对准。但由于可见光通信中是采用幅度调制/直接检测（Intensity Modulation/Direct Detection, IM/DD）接收信号，多个 PD 上呈现的信号幅度值差异主要来自于信道的路径损耗，当接收机中的 PD 距离较近时，会导致 MIMO 信道矩阵呈现出很明显的"病态性"[7]。这种病态性会影响线性方程组求解的准确性，甚至导致矩阵非满秩，解调失败。

为了综合两种可见光 MIMO 系统的优点，避免其缺点，根据可见光通信系统中发射链路和接收机的特性，研究者们提出了一些多灯协同通信的非成像 MIMO 接收机方案，不仅保留了非成像 MIMO 接收机中的优点，还通过设计调整接收机中多个 PD 的接收方向和有效接收面积，来解决 MIMO 信道矩阵的"病态性"问题。

在本节中，首先介绍两种新型非成像 MIMO 接收机方案，分析其系统结构和特点，并推导其接收理论模型。随后将基于这两种接收机结构，分析可见光通信 MIMO 系统在 CSIUT 和 CSIT 情况下的收发方案。

3.2.1　非成像 MIMO 系统接收机结构设计

首先，室内多光源 MIMO 应用场景模型如图 3-5 所示。图 3-5 中以 OFDM 调制为例，有若干个照明 LED 分布在天花板上，在照明的同时，可作为 VLC 的发射光源。每个 LED 都有一个独立的调制模块，可以将电信号调制到发射的可见光上。在接收端，每个用户都有一个多 PD 构成的接收机用于接收信号。室内多光源照明环境中，为了保证照明均匀的需求，意味着多个 LED 发出的光信号在空间会混合叠加，出现照明叠加区域。所以多 PD 接收机先利用最小均方误差（Minimum Mean Square Error，MMSE）解相关方法将各路叠加的信号分开，再将分开的各个子信号分别经过解调器进行处理。这就构成了一个典型的可见光 MIMO 通信场景。

由多个 PD 构成的接收机如果采用成像系统来分解多路信号，则对光学系统准直要求高，不能很好地支持移动状态下用户的信号接收。所以可以选择采用非成像 MIMO 接收方案。同时，为了缓解非成像接收机存在的 MIMO 信道矩阵病态性的问题，可以设计专门适用于室内多灯协同的可见光通信 MIMO 接收机结构，这里以两种结构为例。一种是立方体接收机，将 5 个 PD 排列成一个立方体结构。区别于传统平面接收机结构，立方体结构的接收机改变了每个 PD 的接收视场角方向，从而改变每个 PD 收到光信号的强度分布。使得不同方向的子信道之间的相关性降低，以解决 MIMO 信道矩阵的病态性问题[8]。另一种是视场角分离接收机，是在平面 PD 阵列上，覆盖一层带有挖孔的遮掩板。光信号只能从孔径中穿过并到达 PD 接收面，因此改变了 PD 的有效接收面积，从而改变每个 PD 收到光信号的强度分布，以改善 MIMO 信道矩阵病态性的问题[9]。下面详细介绍这两种接收机的结构特点和系统理论模型。

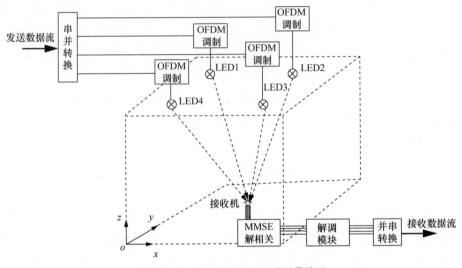

图 3-5　室内多光源 MIMO 应用场景模型

1. 基于立方体接收机的非成像 MIMO 系统

立方体接收机包含 5 个正方形 PD，将它们分别编号为 1～5，如图 3-6 所示。设朝向上方 PD 为 1 号，朝向前方 PD 为 2 号，朝向后方 PD 为 3 号，朝向右侧 PD 为 4 号，朝向左侧 PD 为 5 号。这 5 个 PD 构成一个立方体结构。由于这些 PD 呈相互垂直关系，因此不同 PD 对于同一路入射的光信号的入射角有明显不同，导致了它们所呈现的信道增益系数也会明显不同，从而降低了不同方向到达接收机的入射光信号之间的相关性，MIMO 信道矩阵的病态性可以得到解决。同时，该立方体接收机依然保留了非成像 MIMO 接收机的优点：接收机视场大，不需准直，适用于移动用户的数据通信。

这里我们将分析基于该立方体接收机的非成像 MIMO 系统的理论模型。发射端将串行数据流转换成 LED 数目一样的并行数据流，再经过调制模块驱动相应的 LED。调制方式可采用 PAM 或者 OFDM 等。在接收端，立方体接收机将收到的

5 路光信号转换成 5 路电信号，然后在解复用模块中利用已知的 MIMO 信道矩阵解调出原始信号，最后经过解调模块和并串转换后，完成接收端的信号恢复。在本节中，我们忽略室内光信道中的多径效应和遮挡影响，将各个模块和信道内的散粒噪声、暗电流噪声等都建模成 AWGN。立方体接收机收发端几何关系示意如图 3-7 所示。

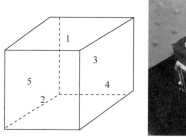

图 3-6　立方体接收机

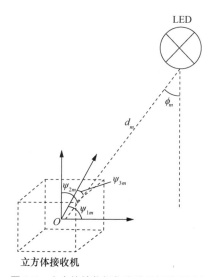

图 3-7　立方体接收机收发端几何关系示意

在上面所述的系统模型中，假设有 M 个 LED 光源作为发射机。待发送的信号表示为 s，功率分配矩阵表示为 P，P 是一个对角矩阵。预编码矩阵表示为 F。x 为发射端发出的信号，则接收端收到的信号 y 可以表示为

$$y = Hx + n = HFPs + n \qquad (3-7)$$

其中，H 表示立方体接收机 MIMO（Cubic Receiver Based MIMO，CR-MIMO）系统的信道矩阵，n 为 AWGN 向量。n 中各个元素均值为 0，方差为 σ^2。信道矩阵中的 $h_{m,n}$ 表示第 m 个 LED 和立方体接收机上的第 n 个 PD 的信道增益系数，表达式如下。

$$h_{m,n} = \begin{cases} A_0 \dfrac{\rho+1}{2\pi} \cos^\rho(\phi_m)\cos(\psi_{nm})/d_m^2, & 0 \leqslant \psi_{nm} \leqslant \text{FOV} \\ 0, & \text{其他} \end{cases} \tag{3-8}$$

其中，ρ 表示朗伯系数，A_0 表示每个 PD 的有效接收面积。ϕ_m 表示第 m 个 LED 相对于立方体接收机的发射角（如图 3-7 所示），ψ_{nm} 表示第 m 个 LED 的光信号到立方体接收机中第 n 个 PD 的入射角。为了方便表示，以图 3-5 所示的系统模型空间左下角作为坐标原点建立三维空间坐标系，xyz 坐标轴方向如图 3-5 所示。假设 $L_m = (l_{xm}, l_{ym}, l_{zm})$ 表示第 m 个 LED 的三维坐标，$m = 1, \cdots, N_t$。由于每个 LED 都是垂直向下安装，所有的 LED 的单位法向量可以表示为 $n_l = (0, 0, -1)$；同时，假设立方体接收机的大小远小于传输距离，所以将立方体接收机内的所有 PD 的位置坐标都视为空间中的同一点，只是法向量不同。设 $R = (r_x, r_y, r_z)$ 表示立方体接收机所在位置的三维坐标。设 $d_m = R - L_m$ 表示从第 m 个 LED 指向立方体接收机的向量，所以 $d_m = \| d_m \|$ 表示该子信道的通信距离。$\phi_m = \langle d_m, n_l \rangle$，$\psi_{nm} = \langle -d_m, n_n \rangle$。$\{n_n, n = 1,2,3,4,5\}$ 为立方体接收机 5 个 PD 的法向量。

根据立方体接收机的结构特点，会发现每个 LED 发出的光信号至多只能被立方体接收机相邻的 3 个 PD 接收，其余的 PD 因为遮挡皆接收不到光信号，所以图 3-6 的 5 个 PD 的法向量 $\{n_n, n = 1,2,3,4,5\}$ 中，n_2 和 n_3 为平行反向量，$\langle d_m, n_2 \rangle$ 和 $\langle d_m, n_3 \rangle$ 必有一个小于等于 0，说明在信道矩阵 H 中，每一个列向量 $(h_{i,1}, h_{i,2}, h_{i,3}, h_{i,4}, h_{i,5})^{\mathrm{T}}$ 中，$h_{i,2}$ 和 $h_{i,3}$ 必有一个为 0。同理，n_4 和 n_5 为平行反向量，所以 $h_{i,4}$ 和 $h_{i,5}$ 必有一个为 0。值得注意的是，信道增益系数 $h_{m,n}$ 是由 LED 的位置和接收机的位置以及朝向所决定的。在室内多光源照明场景中，LED 的位置往往比较分散，这样在立方体接收机上呈现的信道矩阵 H 中的列向量之间差异明显，使得子信道之间相关性降低，从而改善 MIMO 信道矩阵的病态性，有效地提高可见光 MIMO 系统的通信容量。

立方体接收机对 MIMO 信道矩阵病态性的改善明显，但是其立体凸出的结构不方便于集成，因此，有人提出一种平面结构的非成像 MIMO 系统接收机，称为视场角分离接收机结构。

2．基于视场角分离接收机的非成像 MIMO 系统

视场角分离接收机是一种平面结构的非成像 MIMO 接收机，共分成两层，下层是与传统非成像 MIMO 接收机一样，是平铺的 PD 阵列。上层是有若干个挖孔的遮掩板，孔的数量与下层 PD 阵列中的 PD 数量相同，且一一对应。每个孔的位置在对应 PD 的侧上方位置，目的是分离各个 PD 的视场角方向，使得对于同一个方向的入射光在各个 PD 上呈现的有效面积由于遮掩板的相对位置关系而具有较大差异，从而改变每个 PD 接收到的不同来源光信号的强度。这同样会使得不同方向的子信道之间的相关性降低，解决 MIMO 信道矩阵的病态性问题。视场角分离接收机结构如图 3-8 所示，其下层为 4 个正方形 PD 构成的 2×2 阵列，上层为相对应的 4 个挖孔的遮掩板。每个孔的位置与相对应的 PD 位置关系如图 3-9 所示。一共包含两个结构参数 g 和 f。g 表示孔和对应 PD 的垂直高度，f 表示水平偏移距离。因为 PD 为正方形 PD，所以这里设置孔的水平偏移角度为 45°。最终 4 个孔的位置呈现出远离 PD 阵列中心的、发散的 2×2 阵列形式。

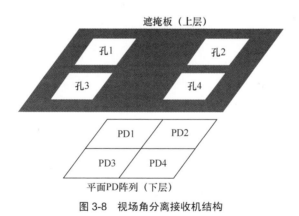

图 3-8　视场角分离接收机结构

当来自某个方向的光信号入射到视场角分离接收机中，被某个 PD 接收，此时光信号只能透过遮掩板上的挖孔才能到达下层的 PD 阵列层。形成的光信号光斑与 PD 的接收面积会出现重叠区域，称之为有效接收面积，如图 3-9 中的阴影区域所示。前面已经介绍过的信道增益在该系统中可以表示为

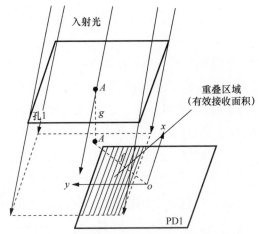

图 3-9　每个孔的位置与相对应的 PD 位置关系

$$h_{m,n} = \begin{cases} A_n \dfrac{\rho+1}{2\pi} \cos^{\rho}(\phi_m)\cos(\psi_m)/d_m^2, & 0 \leq \psi_m \leq \text{FOV} \\ 0, & \text{其他} \end{cases} \tag{3-9}$$

其中，ρ 表示朗伯系数，ϕ_m 表示第 m 个 LED 相对于视场角分离接收机的发射角，ψ_m 表示第 m 个 LED 的光信号到视场角分离接收机的入射角，因为 PD 阵列平铺，且距离较近，所以对于所有 PD，其 ψ_m 相等。A_n 表示视场角分离接收机中的第 n 个 PD 的有效接收面积。

以视场角分离接收机中的 PD 阵列层中心点为坐标原点，坐标轴方向如图 3-9 所示建立的空间直角坐标系。不妨设第 m 个 LED 的光信号到接收机的单位方向向量为 $\mathbf{vL}_m = (\text{vl}_{xm}, \text{vl}_{ym}, \text{vl}_{zm})$，PD 阵列中单个 PD 的边长为 a，则 4 个 PD 的坐标分别为 $\mathbf{vP}_1 = \left(\dfrac{a}{2}, \dfrac{a}{2}, 0\right)$，$\mathbf{vP}_2 = \left(\dfrac{a}{2}, -\dfrac{a}{2}, 0\right)$，$\mathbf{vP}_3 = \left(-\dfrac{a}{2}, \dfrac{a}{2}, 0\right)$，$\mathbf{vP}_4 = \left(-\dfrac{a}{2}, -\dfrac{a}{2}, 0\right)$。不失一般性，先考虑 PD1 的有效接收面积 A_1，根据前面描述的接收机结构，PD1 对应的孔径的中心点的坐标为 $\mathbf{vH}_1 = \left(\dfrac{a}{2} + \dfrac{f}{\sqrt{2}}, \dfrac{a}{2} + \dfrac{f}{\sqrt{2}}, g\right)$。通过几何推导，可以得到光信号透过孔径后在 PD 阵列平面上形成的光斑中心坐标 $\mathbf{vHS}_1 = \left(\dfrac{a}{2} + \dfrac{f}{\sqrt{2}} + \dfrac{g \times \text{vl}_{xm}}{\text{vl}_{zm}}, \ \dfrac{a}{2} + \dfrac{f}{\sqrt{2}} + \dfrac{g \times \text{vl}_{ym}}{\text{vl}_{zm}}, 0\right)$。

如果 $\left(a - \left|\dfrac{f}{\sqrt{2}} + \dfrac{g \times \text{vl}_{xm}}{\text{vl}_{zm}}\right|\right) \geq 0$，且 $\left(a - \left|\dfrac{f}{\sqrt{2}} + \dfrac{g \times \text{vl}_{ym}}{\text{vl}_{zm}}\right|\right) \geq 0$

$$A_1 = \left(a - \left| \frac{f}{\sqrt{2}} + \frac{g \times vl_{xm}}{vl_{zm}} \right| \right) \times \left(a - \left| \frac{f}{\sqrt{2}} + \frac{g \times vl_{ym}}{vl_{zm}} \right| \right) \tag{3-10}$$

如果 $\left(a - \left| \dfrac{f}{\sqrt{2}} + \dfrac{g \times vl_{xm}}{vl_{zm}} \right| \right) < 0$，或 $\left(a - \left| \dfrac{f}{\sqrt{2}} + \dfrac{g \times vl_{ym}}{vl_{zm}} \right| \right) < 0$，则

$$A_1 = 0$$

同理可得，其他 PD 上的有效接收面积为

如果 $\left(a - \left| \dfrac{f}{\sqrt{2}} + \dfrac{g \times vl_{xm}}{vl_{zm}} \right| \right) \geqslant 0$，且 $\left(a - \left| -\dfrac{f}{\sqrt{2}} + \dfrac{g \times vl_{ym}}{vl_{zm}} \right| \right) \geqslant 0$

$$A_2 = \left(a - \left| \frac{f}{\sqrt{2}} + \frac{g \times vl_{xm}}{vl_{zm}} \right| \right) \times \left(a - \left| -\frac{f}{\sqrt{2}} + \frac{g \times vl_{ym}}{vl_{zm}} \right| \right) \tag{3-11}$$

如果 $\left(a - \left| \dfrac{f}{\sqrt{2}} + \dfrac{g \times vl_{xm}}{vl_{zm}} \right| \right) < 0$，或 $\left(a - \left| -\dfrac{f}{\sqrt{2}} + \dfrac{g \times vl_{ym}}{vl_{zm}} \right| \right) < 0$，则

$$A_2 = 0$$

如果 $\left(a - \left| -\dfrac{f}{\sqrt{2}} + \dfrac{g \times vl_{xm}}{vl_{zm}} \right| \right) \geqslant 0$，且 $\left(a - \left| \dfrac{f}{\sqrt{2}} + \dfrac{g \times vl_{ym}}{vl_{zm}} \right| \right) \geqslant 0$

$$A_3 = \left(a - \left| -\frac{f}{\sqrt{2}} + \frac{g \times vl_{xm}}{vl_{zm}} \right| \right) \times \left(a - \left| \frac{f}{\sqrt{2}} + \frac{g \times vl_{ym}}{vl_{zm}} \right| \right) \tag{3-12}$$

如果 $\left(a - \left| -\dfrac{f}{\sqrt{2}} + \dfrac{g \times vl_{xm}}{vl_{zm}} \right| \right) < 0$，或 $\left(a - \left| \dfrac{f}{\sqrt{2}} + \dfrac{g \times vl_{ym}}{vl_{zm}} \right| \right) < 0$，则

$$A_3 = 0$$

如果 $\left(a - \left| -\dfrac{f}{\sqrt{2}} + \dfrac{g \times vl_{xm}}{vl_{zm}} \right| \right) \geqslant 0$，且 $\left(a - \left| -\dfrac{f}{\sqrt{2}} + \dfrac{g \times vl_{ym}}{vl_{zm}} \right| \right) \geqslant 0$

$$A_4 = \left(a - \left| -\frac{f}{\sqrt{2}} + \frac{g \times vl_{xm}}{vl_{zm}} \right| \right) \times \left(a - \left| -\frac{f}{\sqrt{2}} + \frac{g \times vl_{ym}}{vl_{zm}} \right| \right) \tag{3-13}$$

如果 $\left(a - \left| -\dfrac{f}{\sqrt{2}} + \dfrac{g \times vl_{xm}}{vl_{zm}} \right| \right) < 0$，或 $\left(a - \left| -\dfrac{f}{\sqrt{2}} + \dfrac{g \times vl_{ym}}{vl_{zm}} \right| \right) < 0$，则

$$A_4 = 0$$

通过公式推导可以看出，对于同一个入射光方向 $\mathbf{vL}_m = (vl_{xm}, vl_{ym}, vl_{zm})$，4 个 PD

的有效接收面积会呈现出较大差异。与立方体接收机方案类似，可以使子信道之间相关性降低，改善 MIMO 信道矩阵 $\boldsymbol{H}$ 的病态性，有效地提高非成像 MIMO 系统的通信容量。

3.2.2 CSIUT 情况下的系统设计与性能分析

在前面介绍过立方体接收机及视场角分离接收机的 MIMO 系统结构以及理论模型后，本节将介绍系统设计方案。我们考虑 CSIUT 情况下系统方案设计。在 CSIUT 情况下，系统发射端依然会发送训练序列，使接收端有能力对信道状态和噪声进行估计，但是接收端的信道估计结果无法反馈至发射端。此时系统有两种典型的可选方案：分集方案和复用方案，当然也可以是基于 LED 分组的二者混合的方案。下面我们分别介绍这两种典型的系统方案。

1. 分集方案的系统设计与性能分析

在分集方案中，所有 LED 灯发送一样的信号，系统可以获得分集增益。在 CSIUT 情况下，根据公平的原则，在此情况下最优的功率分配策略显然是各 LED 灯上的信号采用平均功率分配[10]。这样，调制后并行信号向量可以写为 $\boldsymbol{s} = [s, s, \cdots, s]^{\mathrm{T}}$；由于功率平均分配，所以功率分配矩阵可以写为 $\boldsymbol{P} = \boldsymbol{I}_{N_t}$；由于发射端不需预编码，因此预编码矩阵可以写为 $\boldsymbol{F} = \boldsymbol{I}_{N_t}$，这样发射端每个 LED 灯上发送的信号 x 满足 $x = s$。在接收端，第 m 号 PD 接收的信号可以写为

$$y_m = s \sum_{n=1}^{N_t} h_{m,n} + n = h_m s + n_m \tag{3-14}$$

其中，y_m 表示第 m 号 PD 接收的信号，$h_m = \sum_{n=1}^{N_t} h_{m,n}$ 表示第 m 号 PD 与所有 LED 灯的等效信道响应，n_m 表示均值为 0、方差为 σ^2 的 AWGN。显然对于第 m 号 PD 而言，它接收信号的信噪比满足

$$\mathrm{SNR}_m = h_m^2 / \sigma^2 \tag{3-15}$$

如果接收端能够估计出信道矩阵，为了最大化分集方案接收端的信噪比，可以使用最大比合并（Maximal Ratio Combining，MRC）技术[11]。设 α_m 为第 m 号 PD 探测到信号的合并权重，则 MRC 后的信号及其信噪比可以写为

$$y_{\mathrm{MRC}} = \sum_{m=1}^{5} \alpha_m y_m = \sum_{m=1}^{5} \alpha_m (h_m s + n_m) \tag{3-16}$$

$$\mathrm{SNR}_{\mathrm{MRC}} = \frac{\left(\sum_{m=1}^{5} \alpha_m h_m\right)^2}{\sigma^2 \sum_{m=1}^{5} \alpha_m^2} \tag{3-17}$$

易证，当 $\alpha_1 : \alpha_2 : \alpha_3 : \alpha_4 : \alpha_5 = h_1 : h_2 : h_3 : h_4 : h_5$ 时，式（3-17）达到最大值：$\mathrm{SNR}_{\mathrm{MRC,max}} = \sum h_m^2 / \sigma^2$。如果系统采用单个 PD（法向量朝向上方，等于立方体接收机中的 1 号 PD）作为系统的接收端，接收端的信噪比为 $\mathrm{SNR}_1 = h_1^2 / \sigma^2$。这意味着在分集方案中，立方体接收机比单 PD 接收机实现了 $\sum h_m^2 / h_1^2$ 的信噪比增益。

如果考虑系统使用 M-PAM 作为调制方式，格雷 M-PAM 调制的误码率关于信噪比的表达式可以写为[12]

$$\mathrm{BER} = \frac{2(M-1)}{M \, \mathrm{lb}\, M} Q\left(\sqrt{\frac{3\mathrm{SNR}}{M^2-1}}\right) \tag{3-18}$$

其中，$Q(\cdot)$ 表示高斯分布的互补累积分布函数。这样，在发射端采用分集方案、接收端采用 MRC 作为信号恢复方法的系统中，信号在解调后的误码率 BER_d 可以写为

$$\mathrm{BER}_d = \frac{2(M-1)}{M \, \mathrm{lb}\, M} Q\left(\sqrt{\frac{3\left(\sum h_m^2 / \sigma^2\right)}{M^2-1}}\right) \tag{3-19}$$

2. 复用方案的系统设计与性能分析

CSIUT 情况下的另一种系统方案是复用方案。在复用方案中，不同 LED 灯发送不同的信号，系统可以实现数据流的并行传输。根据公平的原则，功率在各 LED 灯中平均分配，同样也是 CSIUT 情况下复用方案中的最优功率分配策略[7]。以前面所述的立方体接收机为例，由于信道矩阵 $\boldsymbol{H}$ 的自由度为 3，我们考虑仅设置 3 路独立的信号流，即 3 个指定的灯被用来在照明的同时发送数据，其他的 LED 灯只用来照明而不发送数据。如图 3-6 中，4 号 LED 灯就不发送数据。这样，调制后的信号向量可以写为 $\boldsymbol{s} = [s_1, s_2, s_3]^{\mathrm{T}}$；由功率平均分配得 $\boldsymbol{P} = \boldsymbol{I}_3$；预编码矩阵为 $\boldsymbol{F} = \boldsymbol{I}_3$，发射端第 n 个 LED 灯上发送的信号满足 $x_n = s_n$。由于发射端固定有 3 个 LED 灯发送数据，信道矩阵 $\boldsymbol{H}$ 的规模是 5×3。接收端收到的信号向量可以写为

$$\boldsymbol{y} = \boldsymbol{HFPs} + \boldsymbol{n} = \boldsymbol{Hs} + \boldsymbol{n} \tag{3-20}$$

在接收端，根据之前的假设，信道矩阵可以通过信道估计得到，这样接收端

可以采用迫零的方法对信号进行恢复。迫零方法可以表示为[13]

$$Wy = W(Hs + n) = s + Wn \tag{3-21}$$

其中，W 是 3×5 的迫零矩阵，满足 $W = (H^{\mathrm{T}}H)^{-1}H^{\mathrm{T}}$ 及 $WH = I_3$。这样，在迫零处理之后，接收端得到了并行加噪信号，其中每一路信号及其信噪比可以写为

$$\hat{y}_n = s_n + \sum_{m=1}^{5}(w_{n,m}n_m) \tag{3-22}$$

$$\mathrm{SNR}_n = 1/(\sigma^2 \sum_{m=1}^{5} w_{n,m}^2) \tag{3-23}$$

其中，$\hat{y}_n$ 表示迫零处理后的第 n 路信号，对应第 n 个 LED 灯发送的信号；$w_{n,m}$ 表示 W 中第 n 行第 m 列的元素；n_m 表示第 m 个 PD 探测的信号中的 AWGN。这样，发射端采用复用方案，接收端采用迫零处理方式的系统中，信号在解调后的误码率可以写为

$$\mathrm{BER}_{\mathrm{multi},n} = \frac{2(M-1)}{M\,\mathrm{lb}\,M}Q\left(\sqrt{\frac{3\mathrm{SNR}_n}{M^2-1}}\right) \tag{3-24}$$

$$\mathrm{BER}_{\mathrm{multi,mean}} = \frac{1}{3}\sum \mathrm{BER}_{\mathrm{multi},n} \tag{3-25}$$

从式（3-23）和式（3-24）我们可以发现，在复用方案中，不同信号支路的信噪比和误码率由迫零处理矩阵 W 决定，而 W 又是由信道矩阵 H 决定，因此当接收机的位置变化时，各信号支路的信噪比和误码率可能会出现较大变化。此外，由于系统的平均误码率是由 3 路信号的误码率共同决定的，那么当接收端的位置使得某一路信号的信噪比比较恶劣时，此路信号的误码率性能会比较差，这会导致整个系统的平均误码性能被严重影响。因此，CSIUT 情况下的复用方案可能更适用于各信号支路的信噪比均比较高的情况。

此外，当室内面积较大且能用于通信的 LED 灯数目较多时，只用 3 个指定的 LED 灯传输数据会十分不合理。这时，可以将所有 LED 灯分成 3 组，每一组灯对应传输一路数据。为了不失一般性且保证分组均匀，分组方法需要满足"相邻的 LED 灯属于不同分组"的原则。图 3-10 所示为 20 个 LED 灯复用方案情况下分组示意，给出了 20 个 LED 灯成矩形排列时的分组方法。在采用 LED 灯分组后，复用系统信道矩阵 H 中的元素将表示第 m 号 PD 和第 n 组 LED 灯对应的信道响应。即此处将一组 LED 灯视为一个整体。

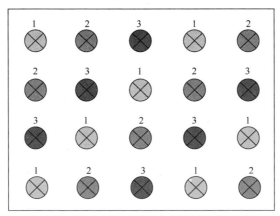

图 3-10　20 个 LED 灯复用方案情况下分组示意

3.2.3　CSIT 情况下的系统设计

本小节中我们考虑 CSIT 情况下系统方案设计。在 CSIT 情况下，接收端的信道估计结果能通过某些回传方式反馈至发射端，即实现闭环系统。此时由于系统发射端已了解信道的情况，发射端可以利用不同 LED 灯发送不同的数据，同时根据信道情况调节每个 LED 灯占用的资源，即采用复用方案更能充分发挥系统的优势。

由上文中的分析，我们知道 CR-MIMO 系统的信道矩阵自由度为 3。因此在 CSIT 的复用方案中，我们依然设置同时只有 3 个 LED 灯用来发送数据。但与 CSIUT 的复用方案不同的是，由于此时发射端完全了解信道状态，因此发射端可以选择最优的 3 个 LED 灯来发送。在此，我们介绍一种简单的选择算法。首先，针对所有 LED 灯和立方体接收机各个 PD 进行信道估计，得到完整的信道矩阵 H，此时 H 的大小应该是 $5 \times N_t$；进而，遍历 H 中的所有列向量，找到模最大的 3 个列向量；最后，选择此 3 个列向量对应的 3 个 LED 灯用于数据发送。这个算法的基本思想是，列向量模的平方等价于立方体接收机中 5 个 PD 接收到信号的总功率，因此模最大的 3 个列向量对应了在接收端获得最大功率的 3 个 LED 灯。

在选好 3 个用于数据传输的 LED 灯之后，有效信道矩阵可以用 H_0 来表示，H_0 的大小是 5×3，只包含了 H 中向量模最大的 3 个列向量。我们对 H_0 进行奇异值分解（SVD），$H_0 = U \Lambda V$，U 是 5×5 的正交矩阵，V 是 3×3 的正交矩阵，Λ 是 5×3

的对角阵，对角元素即为 H_0 的奇异值，表示为 $\{\lambda_i\}$。将 H_0 的奇异值分解结果代入式（3-20）可得在接收端收到的信号为

$$y = H_0 FPs + n = U\Lambda VFPs + n \tag{3-26}$$

根据式（3-26），我们可以将预编码矩阵设为 $F = V^{\mathrm{T}}$，同时将接收端的信号恢复矩阵设为 $W = U^{\mathrm{T}}$，这样在接收端信号恢复之后我们可以得到

$$\hat{y} = U^{\mathrm{T}} U\Lambda VV^{\mathrm{T}} Ps + U^{\mathrm{T}} n = \Lambda Ps + U^{\mathrm{T}} n \tag{3-27}$$

这里，$U^{\mathrm{T}} n$ 是一个正交矩阵乘以一个高斯噪声向量，由正交矩阵的性质可得噪声的高斯分布特点不会改变，即 $U^{\mathrm{T}} n$ 和 n 一样都是同分布的高斯噪声向量。此外，式（3-27）中 Λ 和 P 均为对角阵，这意味着在加入预编码和信号恢复后，系统对于并行原始信号 s 可以等效为 3 路完全独立的并行信道。设功率分配矩阵 $P = \mathrm{diag}(p_1, p_2, p_3)$，那么等效并行信道中第 i 路信道的信道增益为 $\lambda_i p_i$，引入 AWGN 的功率为 σ^2。显然，第 i 路信号的信噪比为

$$\mathrm{SNR}_{\mathrm{CSIT},i} = (\lambda_i p_i / \sigma)^2 \tag{3-28}$$

由于 CSIT 情况下采用复用方式，可以通过预编码和信号恢复将系统转换为 3 路等效并行信道，各信道的信道增益由信道矩阵的奇异值决定。因此，可以在保证系统误码率需求的前提下，对各信道的输入信号进行自适应的比特和功率分配来最优化系统容量。例如，我们可以采用贪婪算法对系统进行比特和功率分配。贪婪算法的基本原理是：在保证系统误码率达到系统要求的前提下，计算每个独立信道上增加一个比特所需要的额外功率开销，找到所需功率开销最小的一个独立信道并在其上面分配一个比特，循环这个过程直到所有的可用功率都分配完毕。采用比特和功率算法能使 CSIT 情况下的复用方案在保证误码率达标的前提下，获得最大化的系统传输速率。

3.3　可见光通信 MIMO 系统的定位功能

本章提出的可见光通信非成像 MIMO 系统还同时支持移动端定位的功能，本节以基于立方体接收机的 MIMO 系统为例进行介绍。

根据前文的分析，对于某指定的 LED 灯，2 号 PD 和 4 号 PD 之中、3 号 PD 和 5 号 PD 之中，至多只有一个可以收到 LED 灯发出的光信号。在立方体接收机用于定位应用时，我们设定两个三维直角坐标系，一个是真实世界的坐标系，即世界坐标系；另一个是以 n_1、n_2 和 n_3 为单位向量的接收机坐标系，如图 3-11 所示。同一个物体在两个坐标系下的坐标转换可以表示为坐标系转换矩阵 W，即设物体在世界坐标系下的坐标为 $T = (t_1, t_2, t_3)$，在接收机坐标系下的坐标为 $S = (s_1, s_2, s_3)$，则 $T = WS$。

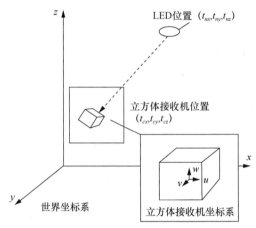

图 3-11　基于立方体接收机的定位系统原理

回顾式（3-8）我们可以发现，系统信道矩阵的元素 $h_{m,n}$ 满足如下特点[14]。

$$h_{1,n} : (h_{2,n} - h_{4,n}) : (h_{3,n} - h_{5,n}) = s_{nx} : s_{ny} : s_{nz} \qquad (3\text{-}29)$$

$S_n = (s_{nx}, s_{ny}, s_{nz})$ 表示第 n 个 LED 灯在接收机坐标系下的空间位置坐标。那么第 n 个 LED 灯在世界坐标系下的坐标 $T_n = (t_{nx}, t_{ny}, t_{nz})$、立方体接收机在世界坐标系下的坐标 $T_c = (t_{cx}, t_{cy}, t_{cz})$ 以及 S_n 满足关系

$$T_n - T_c = WS_n \qquad (3\text{-}30)$$

观察式（3-24），T_n 可以事先存储于第 n 个 LED 灯的发射端，并由其发送给接收端；在接收端配置了电子罗盘和陀螺仪时，W 可以在接收端通过传感器测算出来；由式（3-29）可知，S_n 的方向可以由信道估计的结果计算而来，即 $S_n = k(h_{1,n}, h_{2,n} - h_{4,n}, h_{3,n} - h_{5,n})$。若要得到接收端在世界坐标系的具体坐标（即实现定位功能），需要解算式（3-30）中的 T_c。事实上，式（3-30）中包含 T_c 和 k 两

个未知数。这意味着在两个 LED 灯的辅助下，通过两个二元一次方程我们可以精确解算出 T_c；或者如果在系统中，立方体接收机与天花板的高度是固定并且事先存储于接收端的，那么只需要一个 LED 灯我们就可以精确解算出 T_c。

3.4 密集型可见光通信 MIMO 系统

本章前面几节所讨论的情况均为 LED 灯间隔比较远，通过设计特定的接收机结构，来实现 MIMO 信道之间的分离。然而，这并不符合未来通信设备小型化的发展趋势。当我们关注于设备之间的高速点对点通信时，发射端密集的 LED 阵列和接收端密集的探测器阵列将成为未来可见光通信的一种典型应用场景。为此，可以将发射端密集的 LED 阵列设置为每个 LED 灯的发光方向彼此不同，同时在接收端也采取将 PD 阵列设置为每个 PD 的接收方向彼此不同的方法，来区分 MIMO 的不同子信道。

基于角度分集的密集型可见光通信 MIMO 系统如图 3-12 所示。发射端的 LED 灯和接收端 PD 均为密集排列，其间距可忽略不计。每个 LED 灯和 PD 都有一定的倾斜角度，且各不相同。此系统中，虽然每条传输子链路的信道增益大小可以是不同的，但是 MIMO 信道增益矩阵 H 的秩为 1，意味着系统的信道仍是高度相关的，矩阵 H 不可逆，不能用迫零等方法求解和恢复信号。但是在这类信道下，可以建立发送信号和接收信号之间的映射关系，利用最大似然检测和恢复发送信号，从而实现一个提供复用增益的密集型可见光通信 MIMO 系统。

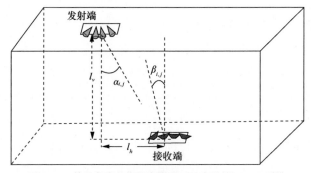

图 3-12　基于角度分集的密集型可见光通信 MIMO 系统

发送端发送同样的信号向量，如果经过不同的信道矩阵，会得到不同的接收信号向量。某些信道矩阵会导致接收的信号向量集合内的部分信号向量之间的欧氏距离很小，导致系统误码率较高。因此，可以根据不同的信道矩阵 $\boldsymbol{H}$，优化发送向量集，使得接收的信号向量均匀分布，从而使得系统的误码率最低。该问题是一个求解最优的问题。

图 3-12 所示为一个 $N{\times}N$ 的可见光通信 MIMO 系统，其中发射机中包含 N 个发光二极管，接收机中包含 N 个光电探测器。系统的信道矩阵用 $\boldsymbol{H}$ 表示，$\boldsymbol{H}$ 的每个元素 h_{ij} 表示第 i 个 LED 灯到第 j 个 PD 视距链路的信道增益，可以表示为

$$h_{ij} = \frac{(m+1)A}{2\pi d}\cos^m(\alpha_{ij})\cos^k(\beta_{ij}) \tag{3-31}$$

其中，α_{ij} 和 β_{ij} 分别表示第 i 个 LED 灯相对于第 j 个光电探测器的发射角和第 j 个光电探测器相对于第 i 个 LED 灯的接收角，A 表示光电探测器的探测面积大小，d 表示任意发光二极管和任意 PD 之间的距离（由于发射端 LED 阵列和接收端的 PD 阵列都是紧密排列，此处可认为任意发光二极管和任意光电探测器之间的距离是相同的），m 是 LED 的朗伯辐射阶数，k 是光电探测器的视场系数。所以该发送信号优化设计可写为求解下式的最优问题。

$$\max_{A}\min\left\|\boldsymbol{H}\boldsymbol{x}_i - \boldsymbol{H}\boldsymbol{x}_j\right\|_2^2 \tag{3-32}$$
$$\text{s.t. } \boldsymbol{1}^\mathrm{T}\boldsymbol{X}\boldsymbol{1} = P_\mathrm{T}, 0 \leqslant i,j \leqslant N$$

其中，$\boldsymbol{x}_i$ 和 $\boldsymbol{x}_j$ 是发送信号向量集 A 中的两个不同的发射信号向量，$\left\|\boldsymbol{H}\boldsymbol{x}_i - \boldsymbol{H}\boldsymbol{x}_j\right\|_2^2$ 为接收的这两个信号向量之间的欧氏距离。$\boldsymbol{1}$ 为元素全为 1 的列向量，$\boldsymbol{X}$ 表示发送信号向量矩阵，$\boldsymbol{X}$ 的每一列都是向量集 A 中的一个单个发送信号向量，P_T 表示总发送功率。

基于角度分集的密集型可见光通信 MIMO 系统，虽然子信道之间具有相关性，但仍能够实现空间复用，误码性能优于重复编码的发送分集方案，当实现相同的误码率时，对单一信道信噪比的要求更低，能够提高系统的通信容量。

3.5　本章小结

在本章中，基于实际的室内多灯照明环境，通过用户采用多个 PD 组成的可见

光接收机来接收并解调多路并行信号，实现了可见光通信 MIMO 系统。

本章介绍了非成像 MIMO 和成像 MIMO 两种系统结构。并根据室内照明 LED 分布特点和移动接收需求，列出了两种非成像 MIMO 系统接收机结构：立方体接收机结构和视场角分离接收机结构。两种结构分别通过改变接收机上不同 PD 的光信号到达角度和有效接收面积，来加大同一方向的光信号在不同 PD 上的接收强度差异，从而降低了子信道之间的相关性，解决了传统非视距 MIMO 的信道矩阵病态性这个问题。之后，本章讨论了可见光通信 MIMO 系统在 CSIUT 和 CSIT 两种情况下的收发设计方案。针对 CSIUT 情况，讨论了分集方案和复用方案。针对 CSIT 情况，讨论了预编码和比特功率分配策略下的复用方案。

最后，我们讨论了当 MIMO 的发射 LED 阵列和接收 PD 阵列均密集设置时，不可避免的出现信道增益矩阵病态时，可以利用最大似然检测恢复发送信号，此时可以通过优化发射端信号的设计来提高 MIMO 的性能。

本章没有考虑系统采用的具体编码调制和非正交多址上行技术，以及与当前研究热点——空间调制的结合，对这方面有兴趣的读者可以参考第 2 章和第 4 章的技术内容。

参考文献

[1] TAN J, YANG K, XIA M. Adaptive equalization for high speed optical MIMO wireless communications using white LED[J]. Frontiers of Optoelectronics in China, 2011, 4(4): 454-461.

[2] TAKASE D, OHTSUKI T. Optical wireless MIMO communications (OMIMO)[C]//IEEE Global Telecommunications Conference. Piscataway: IEEE Press, 2004, 2: 928-932.

[3] ZENG L, O'BRIEN D, LE-MINH H, et al. High data rate multiple input multiple output (MIMO) optical wireless communications using white LED lighting[J]. IEEE Journal on Selected Areas in Communications, 2009, 27(9): 1654-1662.

[4] CARRUTHERS J B, CARROLL S M, KANNAN P. Propagation modelling for indoor optical wireless communications using fast multi-receiver channel estimation[J]. IEEE Proceedings-Optoelectronics, 2003, 150(5): 473-481.

[5] KOMINE T, NAKAGAWA M. A study of shadowing on indoor visible-light wireless communication utilizing plural white LED lightings[C]//The 1st International Symposiumon

Wireless Communication Systems. Piscataway: IEEE Press, 2004: 36-40.

[6] ZENG L, O'BRIEN D, LE-MINH H, et al. Improvement of date rate by using equalization in an indoor visible light communication system[C]//4th IEEE International Conference on Circuits and Systems for Communications. Piscataway: IEEE Press, 2008: 678-682.

[7] KAI Y, HUA Q, BAXLEY R J, et al. Joint optimization of precoder and equalizer in MIMO VLC systems[J]. IEEE Journal on Selected Areas in Communications, 2015, 33(9): 1949-1958.

[8] WEI L, ZHANG H, SONG J. Experimental demonstration of a cubic-receiver-based MIMO visible light communication system[J]. IEEE Photonics Journal, 2017, 9(1): 1-7.

[9] SONG J, WEI L. Deflected field-of-views receiver for indoor MIMO visible light communications[C]//IEEE International Conference on Infocom Technologies and Unmanned Systems (ICTUS). Piscataway: IEEE Press, 2017: 11-17.

[10] TELATAR I E. Capacity of multi-antenna Gaussian channels[J]. European Transactions on Telecommunications, 1999, 10(6): 585-595.

[11] LO T K. Maximum ratio transmission communications[C]//IEEE International Conference on Communications. Piscataway: IEEE Press, 1999, 2: 1310-1314.

[12] VITTHALADEVUNI P K, ALOUINI M S. A recursive algorithm for the exact BER computation of generalized hierarchical QAM constellations[J]. IEEE Transactions on Information Theory, 2003, 49(1): 297-307.

[13] TRAN T A, O'BRIEN D. Performance metrics for Multi-Input Multi-Output (MIMO) visible light communications[C]//International Workshop on Optical Wireless Communications (IWOW). Piscataway: IEEE Press, 2012: 1-3.

[14] WEI L, ZHANG H, YU B, et al. Cubic-receiver-based indoor optical wireless location system[J]. IEEE Photonics Journal, 2016, 8(1): 1-7.

第 4 章
索引调制与可见光通信

可见光通信系统可以缓解传统无线通信中的频谱资源受限以及保密安全性、能耗上的诸多问题，但受制于幅度调制/直接检测的光强信号，可见光通信系统的设计与传统通信并不完全相同。同时还要考虑到通信与照明的一体化，光强的约束更加严格，因此需要额外加入调光等模组。考虑到未来可见光通信系统对生产、生活的重要地位，本章将深入分析 VLC 多灯系统下基于索引调制的 VLC 系统。

4.1 索引调制

利用资源的激活方式传递部分消息的索引调制技术，根据典型应用场景分为多天线索引调制即空间调制（Spatial Modulation, SM）和 OFDM 索引调制（OFDM Index Modulation，OFDM-IM）。SM 和 OFDM-IM 分别是 5G Massive（大规模）MIMO 和 5G 高移动场景的候选技术。此外还有很多空域、时域、角度域以及联合域的索引调制技术得到了陆续发展。不同的索引调制技术在发射端基本结构保持不变，只需要在索引选择器模块进行一定的调整。接下来介绍 3 种应用较为广泛的索引调制方案，分别为基于空间域的空间调制技术，基于频域的子载波索引调制技术，以及基于信道的媒介索引调制技术。

空间调制[1-2]的基本原理是将一组发送比特信息分为两部分，一部分经过传统的调制，如相移键控（Phase Shift Keying，PSK）、正交振幅调制（Quadrature Amplitude Modulation，QAM）等，另一部分是将调制信息映射到相应的天线上进行发送，这样天线序号也承载了部分发送信息。空间调制能够缓解多天线系统对射频资源的过高要求，通过引入随机切换的思路，空间调制能够以较少的射频资源驱动较多发射天线，进而降低功耗。同时空间调制还能够利用活跃天线的下标传递信息，从而提升频谱效率。空间调制系统框图如图 4-1 所示。

同时有研究将空间调制思想应用于 OFDM 系统中，提出了 OFDM-IM[3]，所有的子载波被平均分为几组，每组根据输入的索引比特和查找表进行载波选择，有针对性地激活其中一组或几组来传递信息，其他子载波保持静默，这样利用子载波序列进行附加信息的传输，在提高频谱效率的同时，对传统 OFDM 系统中频率偏移、相位噪声敏感度，以及峰均功率比（Peak-to-Average Power Ratio，PAPR）

也有很好的提升。OFDM-IM 系统框图如图 4-2 所示，其中输入比特首先分为索引调制与符号调制，分别控制子载波位置与其幅度，进而经过串并（Serial to Parallel，S/P）转换以及快速傅里叶逆变换（Inverse Fast Fourier Transform，IFFT），最终加入循环前缀（Cyclic Prefix，CP）构成完整 OFDM 符号帧进行发送。

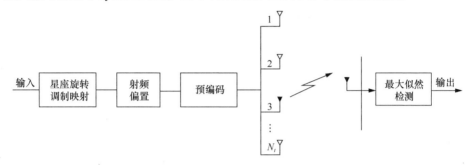

图 4-1　空间调制系统框图

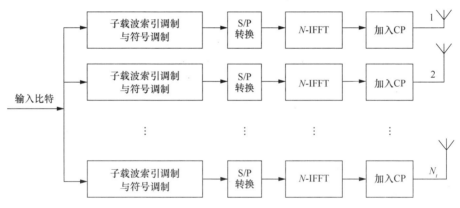

图 4-2　OFDM-IM 系统框图

针对这种基于离散索引序列的调制方式，在接收端需要有针对性地进行空间域信息的检测恢复。常用的检测手段有最大似然检测（Maximum-Likelihood Detection, ML）、对数似然比检测（Log-Likelihood Ratio Detection, LLR）等方式，其中 ML 算法复杂度较高（随索引数目指数级增长），LLR 算法可以进一步降低系统接收端的复杂度，但相比于 ML 检测器的准确率会有所降低，进而导致星座图解映射出错。

与上述两种方案不同，媒介索引调制（Media Based Modulation，MBM）[4]中索引调制（IM）操作不是在收发端（如天线、子载波或者时隙）上完成的，而是利用不同的信道索引来传递信息。其在固定的信道中加入特殊的寄生组件如射频（Radio Frequency，RF）反射镜或电子开关，从而扰动富散射环境，产生若干独立的信道，选择出不同索引来传递额外信息。相比于以上两种传统索引方式，MBM可以显著增强能量效率，对误码率性能和系统吞吐量的提升也更加明显。MBM系统发射端框图如图4-3所示，在信道中加入反射镜等媒介（图4-3中圈出部分），同时利用索引选择器进行选择控制，改变信道环境来传递不同信息。

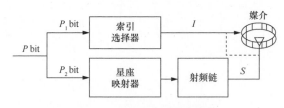

图4-3 MBM系统发射端框图

综上所述，索引调制辅助系统在通信方面具有一定的独特优势[5-6]，包括能量效率较高，硬件复杂度低，更加灵活的系统结构设计，出色的误码率性能，抗信道间串扰（Inter-Channel-Interference，ICI）和静态衰落，以及不需要天线间同步等。近些年这一领域的诸多研究主要聚焦在索引调制系统中收发机设计，多维星座优化，链路自适应方法以及网络协议设计等方面。

与此同时，这种结构中仍有很多亟待解决的问题。如由于只有部分子载波被激活，相比于同时使用所有子载波传递信息，系统频谱效率无疑有所降低，但额外的索引信息可以不耗费能量得到传输，也就是说能量效率得到了提升，如何协调频谱效率与能量效率之间的平衡，来满足不同场景下的不同需求，是OFDM-IM系统结构中的重中之重；与此同时，检测精度与复杂度之间的折中，IM辅助系统中的信道编码，多模式索引调制，混合域的IM调制方案（如空间域与频域同时使用索引调制等）以及其在移动通信中其他关键技术的结合方式上都还需进一步的完善。同时索引调制与可见光通信系统结合在未来也有着相当大的发展利用潜力。

目前在可见光系统中得到应用的索引调制系统有很多，典型的系统有基于索引调制的直流偏置光 OFDM（IM-DCO-OFDM）、基于索引调制的非对称限幅光OFDM（IM-ACO-OFDM）以及基于广义空间调制的分层非对称限幅光 OFDM（GenSM-LACO-OFDM）等，目前这一领域的主要研究方向包括调制、预编码、信道估计、多用户调度以及协议设计等诸多方面。

4.2　可见光通信

VLC[7]是一种新型的无线通信技术，利用 LED 作为发射机，可见光作为传输媒介，PD 作为接收机来实现光信号的完整传输过程。利用 LED 照明和通信可以追溯到 2000 年，当时日本科研人员率先提出在家庭中使用白光 LED 来构建接入网络，推动了 VLC 领域的快速发展。在过去几年，可见光通信技术得到了越来越广泛的关注，特别是在多灯以及 SM 方面的科研力度逐步加大。

传统无线通信中存在着诸多问题，如无线频谱资源短缺，保密性能差，极强的电磁辐射对人体的不可逆辐射伤害等。而可见光通信可以很大程度上缓解上述问题。在可见光通信中，频谱上相比无线电波有着上万倍的增加（无线电：3 kHz～300 GHz，可见光：400～800 THz，如图 4-4 所示），可以有效缓解频带资源短缺的问题；在正常光照条件下，可见光照射对人眼和皮肤的危害很低，可以在医院、工业以及航天领域替代传统通信技术；同时由于光的穿透性能很弱，VLC 保密性能极高；并且现有照明基础设施中 LED 已经得到普及，耗能低、污染低，VLC 实现更加方便，成本开销也会很低。

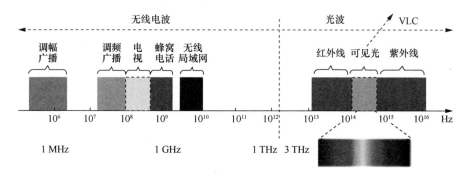

图 4-4　可见光频带资源

值得强调的一点是，可见光通信中，只能通过光照强度来传递信息，接收端只能检测光强信息，也就是说光信号没有相位的概念，同时 LED 只能工作在电流正向的部分区间内，也称为线性工作区，这就要求我们传输的符号即 LED 转换前的电信号需要保证正实数的特性，避免相位信息在传输过程中的损失。

为了提供足够的照明亮度，大多数照明器件通常包含多个 LED 灯，这就为 VLC MIMO 系统的推广提供了更加便利的条件。因此在可见光通信技术上，我们可以充分利用多灯的实际情形，构建多个发射源组成的 MIMO 系统，从而提高通信系统的传输效果与频谱效率。与无线通信相比，VLC 中的 MIMO 系统难以实现。在传统 MIMO 系统中，吞吐量增益主要归因于空间分集（存在多个空间路径），然而这种分集增益在 VLC MIMO 系统中受到了很大程度的限制，尤其是在室内场景中，发射机和接收机之间的路径非常相似（信道相关性很强），这限制了 VLC MIMO 系统的可用空间分集增益，而上文所述的角度分集接收机可以有效减轻 VLC MIMO 系统中空间分集增益的限制。由文献[8]可知，目前主要有 3 种 VLC MIMO 技术：重复编码、空间复用和空间调制。重复编码方案在发射机、接收机对准要求方面的限制较少，但仅能提供有限的频谱效率；与此相反，空间复用需要 LED 与 PD 的对齐更加精确，但与重复编码方案相比可以提供更高的数据速率。SM VLC 系统在任意时刻只有一个 LED 保持活跃状态，其余 LED 不发送数据，这样可以通过活跃的 LED 的序号来传递部分空间信息。这种调制方法由于数据在空间和信号域中都被编码，鲁棒性更高，同时频谱效率得到进一步的提升。

4.3 研究热点

我们在这里引入基于空间调制的可见光通信系统发射机模型如图 4-5 所示[9]，同时接收端与发射端类似，在这里不再赘述。

首先输入为 K 个比特流，分别对应 K 个用户设备。进而每流划分为星座域信息以及空间域信息两部分。星座域的比特信息会依次映射为不同的调制星座点，通过改变其在一个周期内的幅度、宽度或位置来承载信息；而空间域的信息则是映射为不同的 LED 激活方式，也就是图 4-5 虚线框中的不同数据流，通过不同 LED 组合的开关激活情况来传递信息。空间域以及星座域信息调制后形成的混合信号 u_j，通过预编码以及调光等模块，最终通过放大器以及 LED 将电信号转化为光信号，以光强的形式发送传递信息。

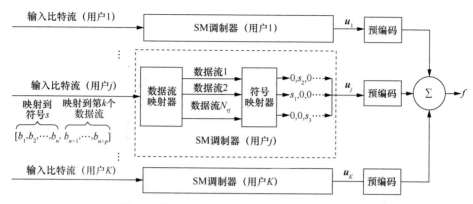

图 4-5 基于空间调制的可见光通信系统发射机模型

4.3.1 调制

可见光通信系统中只能采用幅度调制/直接检测的方式,即只能检测光照强度,没有传统电磁波中相位的概念,因此在 VLC 系统中调制方式与传统方法不尽相同,这里介绍 4 种调制方式[10]。

1. 脉冲幅度调制（PAM）

PAM 是脉冲载波的幅度随基带信号变化的一种调制方式,这种调制方式可以理解为将比特信息映射到正实数上,并按照映射结果来改变脉冲载波的幅度,从而达到传递信息的目的。

在 PAM 中有一类较为特殊的调制方式,在只有两种幅度可供选择时 PAM 简化为 OOK 调制,通过控制 LED 的相对亮暗来传播数据比特流,亮时传递比特 1,暗时则传递比特 0。OOK 调制较为简单,便于实施。这种调制方式广泛应用在有线通信中。但是 OOK 调制也存在着诸多缺点,其中最主要的就是数据传输速率过低。

2. 脉冲宽度调制（Pulse Width Modulation，PWM）

PWM 可以真正意义上实现调制和调光的完美结合，在 PWM 中可以以所需的调光水平为基础，进而调节脉冲的宽度，从而达到调光与通信的统一。在高频率下的 PWM 可以满足任何调光水平的需求，这是 PWM 在 VLC 中最突出的优势；同时 PWM 缺点在于数据速率受限，不能达到 OFDM 以及 PAM 相应的数据速率。因此在这种调制方式下有科学研究将 PWM 与离散多音频（Discrete Multi-Tone,

DMT）调制结合进行联合调光和传输信息从而尝试缓解数据速率上的不足。

3. 脉冲位置调制（Pulse Position Modulation，PPM）

在 PPM 中，把一个符号的持续时间分为 t 个时隙，在一个符号周期（t 个时隙）中只存在一个脉冲。通过控制脉冲所在的时隙的位置，来传递相应的信息，平均每个符号持续时间内可以传递 $\lfloor \text{lb } t \rfloor$ 个比特。但这种调制方式频谱效率较低，同时 PPM 数据速率受到限制（每个符号周期内只能存在一个脉冲），因此很多科学研究提出了改善的方案，如重叠 PPM（Overlapping PPM，OPPM）、多脉冲 PPM（Multi-PPM，MPPM）、重叠多脉冲 PPM（Overlapping Multi-PPM，OMPPM）以及差分 PPM（Differential PPM，DPPM）等诸多变体，通过这些特殊设计的调制方式，可以进一步提升 PPM 的频谱效率以及数据速率。

4. 正交频分复用（OFDM）

在频域中传递符号信息，将频域的符号信息通过 IFFT 转到时域进行发送，接收端通过快速傅里叶变换（Fast Fourier Transform，FFT）模块将时域信号转化到频域进行最终的解调恢复。这种方法可以有效对抗符号间干扰以及频率选择性衰落（多径）造成的影响，但是由于可见光信道对时域信号正实数的限制，需要在频域或者时域上对信号进行进一步的处理并发送。

4.3.2　调光

可见光通信系统需要满足通信与照明的一体化，因此需要对照明亮度，即信号的强度进行约束，避免强光对人眼的刺激，因此需要考虑调光模块的设计，通过对不同 LED 分配不同的功率，从而满足一定的约束与优化。调光可以分为模拟域调光以及数字域调光[11]，目前数字域调光较为普遍。数字域调光可以分为 3 类：调制方式的设计（如对 PPM 以及 OFDM 的改进）、编码方式的设计以及基于概率方式的设计。

以文献[9]为例，在这里引入 ACO-OFDM 以及 LACO-OFDM 概念[12]。ACO-OFDM 系统只有奇数子载波被调制使用，使得频谱效率减半，但是经过离散傅里叶逆变换（Inverse Discrete Fourier Transform，IDFT）后可以得到具有对称性质的实数信号，进而可以选取其中的正实数作为光强信号进行传输，这样可以巧妙适配 VLC 中光强必须为正实数的约束。而 LACO-OFDM 由多层 ACO-OFDM 信号嵌套构成，如图 4-6 所示，其中 N_a 表示数据流个数。子载波按照奇偶划分多层（即图 4-6 中每行流程），其中每层对应的子载波组进行独立的 ACO-OFDM 厄米对称组帧设计，最终加入直流偏置以及其他控制单元并合并发送，这样即可充分利用所有 OFDM 子载波资源，同时也兼顾了可见光系统中正实数信号的约束，相比于 ACO-OFDM 系统，明显提升了系统的频谱效率与数据传输速率，同时也毫无疑问，这样是以收发机复杂度以及帧内正交性为代价的。

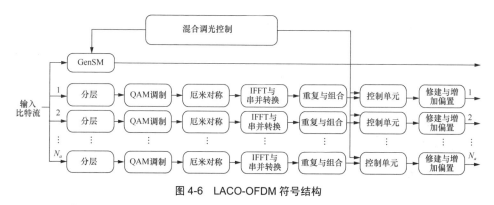

图 4-6　LACO-OFDM 符号结构

同时考虑 LACO-OFDM 与广义空间调制（GenSM）进行结合，即只使用部分 LED 灯发光通信，而其余 LED 灯保持关闭状态。通过 LED 灯的开关，可以更加灵活地控制室内整体光照强度，也就是说，通过 GenSM 技术，可以更加充分灵活地进行调光设计。

综上所述，在此我们考虑一种新型的混合调光方式，这种调光方案由空间域调光以及时域调光结合完成，相比于传统调光方案而言，由于额外考虑了空间域 LED 灯亮暗控制，因此调光方案的设计上会更加灵活，具有更强的鲁棒性。在接下来的部分我们分别对这两种子调光方案进行阐述。

为了使信道容量最大，我们可以进行基于 GenSM 多灯系统的空间域调光设计，即通过设计每个 LED 最佳的分配功率，从而获得最优或准最优的系统信道容量。信道容量下界可以利用詹森（Jensen）不等式得到如下表达。

$$C = \frac{W}{4N_c} \sum_{m=1}^{N_c} \sum_{u \in \Omega_m} \text{lb}\left(1 + \frac{P_{u,m}\sigma_{u,m}^2}{\sigma_n^2}\right) + \frac{W}{4} \text{lb} \frac{N_t!}{N_a!(N_t - N_a)!} \tag{4-1}$$

其中，W 表示系统总带宽，$N_c = \begin{pmatrix} N_t \\ N_a \end{pmatrix}$ 表示所有索引搭配数量，Ω_m 表示索引配置

集合，N_t、N_a 分别表示总的 LED 数量以及激活的 LED 数量，σ_n^2 为噪声功率谱密度，这里我们假设噪声为均匀分布的 AWGN。注意到，在这一表达式中两项分别对应不同且独立的优化参数：LED 功率分配情况以及激活 LED 数量。因此接下来我们分别对这两部分进行独立的优化，从而完成空间域的调光方案。

对 LED 功率分配的优化问题可写为如下形式。

$$\max_{P_{u,m}} \quad \frac{W}{4N_c} \sum_{m=1}^{N_c} \sum_{u \in \Omega_m} \text{lb}\left(1 + \frac{P_{u,m}\sigma_{u,m}^2}{\sigma_n^2}\right) \tag{4-2}$$

$$\text{s.t.} \quad \sum_{u \in \Omega_m} P_{u,m} = P, m = 1, 2, \cdots, N_c \tag{4-3}$$

其中，P 表示发射机的总发射功率，此问题可以通过拉格朗日乘子法进行较为简单的凸优化，即注水算法来得到最优解，在此不再赘述。

与此同时我们需要对激活 LED 的数量进行优化，这里可以通过斯特林（Stirling）公式对其进行放缩，从而保证优化目标的凸性，同时借助梯度下降等传统凸优化算法，进行最终 LED 数量的优化。放缩过程如下所示。

$$\frac{W}{4} \text{lb} \frac{N_t!}{N_a!(N_t - N_a)!} \approx \frac{W}{4}\left(\left(N_t + \frac{1}{2}\right)\text{lb}N_t - \right.$$
$$\left. \frac{1}{2}\text{lb}(2\pi) - \left(N_t - N_a + \frac{1}{2}\right)\text{lb}(N_t - N_a) - \left(N_a + \frac{1}{2}\right)\text{lb}N_a\right) \tag{4-4}$$

空间域调光优化前后的系统性能仿真如图 4-7 所示，在这里我们固定总 LED 数量为 16 个，在图 4-7 中横轴表示激活 LED 数量 N_a，纵轴表示系统的信道容量 C/W，当 $N_a = 1$ 时即为经典的空间调制结构，$N_a = N_t = 16$ 时则退化为传统 MIMO 系统，当 N_a 处于二者之间时即为更加普适的 GenSM 系统。从图 4-7 中可知不同激活 LED 数量下信道容量有着明显的变化，同时经过算法优化后的结果在图中以 ★ 符号为标识，可见最终的优化结果与蒙特卡洛遍历所有 N_a 时的最优点保持重合，这说明了此处空间域的调光算法的有效性与必要性。

时域调光首先利用了 ACO-OFDM 自身的奇数子载波激活特性，同时在这里我们采用可见光光照层级（Illumination Level）作为衡量标度，光照层级定义如下。

$$\eta = \frac{\sum_{i=1}^{N_a} E[I_i]}{(I_H - I_L)N_t} \times 100\% \tag{4-5}$$

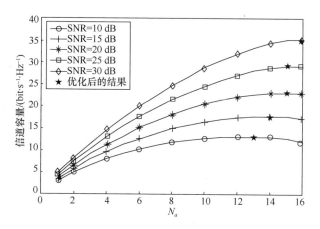

图 4-7 空间域调光优化前后的系统性能仿真

其中，I_H、I_L 分别表示 LED 线性工作区的上下边界强度，$E[\cdot]$ 表示对每个 LED 信号强度求期望。通过这一度量，我们可以对每一帧子载波中正的 ACO-OFDM 符号数量占子载波总数量的比例 α 进行计算，结果如下。

$$
\alpha = \begin{cases}
1, & \eta < \eta_{\min} \\
\dfrac{\eta(I_H - I_L)N_t - N_a I_H + \sum\limits_{i=1}^{N_a}\dfrac{\sigma_i^s}{\sqrt{2\pi}}}{N_a(I_L - I_H) + \sum\limits_{i=1}^{N_a}\dfrac{2\sigma_i^s}{\sqrt{2\pi}}}, & \eta_{\min} \leqslant \eta \leqslant \eta_{\max} \\
0, & \eta > \eta_{\max}
\end{cases}
\tag{4-6}
$$

其中，当 $\alpha = 1$ 时表示所有子载波均为正，$\alpha = 0$ 时表示只是用负子载波，α 位于两者之间时即为正负数量比例，同时我们计算可以得到分段区间点光照层级为

$$
\eta_{\min} = \frac{N_a I_H - \sum\limits_{i=1}^{N_a}\dfrac{\sigma_i^s}{\sqrt{2\pi}}}{(I_H - I_L)N_t}
\tag{4-7}
$$

$$
\eta_{\max} = \frac{N_a I_L + \sum\limits_{i=1}^{N_a}\dfrac{\sigma_i^s}{\sqrt{2\pi}}}{(I_H - I_L)N_t}
\tag{4-8}
$$

从上述推导结果中我们可以得出结论，在较低调光需求，即照度低于最小临界值 $\eta_{\min}$ 时，我们只使用正的 LACO-OFDM 符号；相反，在高调光需求即需求照度高于最大临界值 $\eta_{\max}$ 时，只是用负的 LACO-OFDM 符号；在调光需求适中时，

可以将正负符号数量比例按照式（4-6）调整为对应的 α，进而确定照明亮度，达到最优的调光配置。

相比于传统的时域调光，在这里加入了额外的空间域调光方案，二者结合的混合优化无疑可以更加全面鲁棒地调制优化系统性能。从最终的仿真结果也可以看出（如图 4-8 所示，横轴为室内光照层级 η，纵轴为系统信道容量 C/W）进行空间域以及时间域的混合调光后，系统保持最优信道容量的照明强度范围有了明显的增大，在信道容量达到 3.5 bit/(s·Hz)时，传统的 DCO-OFDM 的光强层级范围受限于 0.35～0.65，而调光后的 LACO-OFDM 则将范围扩大至 0.2～0.8，大大扩大了系统对环境的适应范围，可以满足用户端更加多样化的光照需求。

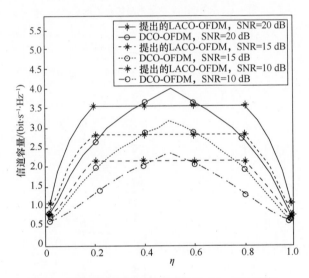

图 4-8　信道容量随光照层级仿真曲线（GenSM 系统）

与此同时基于子载波索引调制，即 OFDM-IM 的可见光通信系统，也可以按照上述方式进行混合调光设计[13]，这种系统下只需要将 GenSM VLC 系统中空间域与时域的分析替换为频域与时域，同时基本方法没有很大的改变。由 Jensen 不等式可以得到 OFDM-IM 系统中的信道容量下界，如式（4-9）所示。

$$C \approx \frac{W}{4L}\mathrm{lb}\binom{L}{K} + \frac{WK}{4L^2}\sum_{i=1}^{L}\mathrm{lb}\left(1 + \frac{\gamma |H_i|^2 L}{K}\right) \qquad （4\text{-}9）$$

其中，W 表示频带宽度，L、K 分别表示每个 OFDM 符号中全部的子载波数量（即激活的子载波与静默子载波数量之和），以及每帧 OFDM 符号中激活的子载波数量，H_i 表示第 i 个子载波频率下对应的信道矩阵，γ 为对应的信噪比常量，仅与发端功率以及接收端噪声功率谱密度有关。

OFDM-IM VLC 系统频域上的调光优化与 GenSM VLC 系统中的空间域类似，通过对子载波的最优激活个数进行计算求解，可以获得更高的信道容量，在这里我们直接对式（4-9）中的信道容量下界计算关于 K 的梯度，使一阶导数值为 0，从而获得活跃子载波数量的最优配置，梯度计算结果如式（4-10）所示。

$$C' = \frac{W}{4L} \text{lb}\left(\frac{(K+\gamma L)(L-K)}{K^2} \right) - \frac{W}{4\ln 2L(K+\gamma L)} + \frac{W(2L-2K+1)}{8\ln 2L(L-K)} - \frac{W(2K+1)}{8\ln LK}$$

（4-10）

同时时域优化中的光照层级定义为

$$\eta = \frac{E[I_{\text{LED}}] - I_{\text{L}}}{(I_{\text{H}} - I_{\text{L}})} \times 100\%$$

（4-11）

按照与 GenSM VLC 系统中相同的优化方式，可以得到最终优化后的 ACO-OFDM 正负子载波比例为

$$\alpha = \begin{cases} 1, & \eta < \eta_{\min} \\ \dfrac{(\eta-1)(I_{\text{H}}-I_{\text{L}}) + \dfrac{\sigma_{\text{s}}}{\sqrt{2\pi}}}{I_{\text{L}} - I_{\text{H}} + \dfrac{2\sigma_{\text{s}}}{\sqrt{2\pi}}}, & \eta_{\min} \leqslant \eta \leqslant \eta_{\max} \\ 0, & \eta > \eta_{\max} \end{cases}$$

（4-12）

其中两个 LED 光照层级分界点分别表示为式（4-13）、式（4-14）。

$$\eta_{\min} = \frac{\sigma_{\text{s}}}{(I_{\text{H}} - I_{\text{L}})\sqrt{2\pi}}$$

（4-13）

$$\eta_{\max} = 1 - \frac{\sigma_{\text{s}}}{(I_{\text{H}} - I_{\text{L}})\sqrt{2\pi}}$$

（4-14）

最终按照此分段函数以及子载波比例可以得到与上述类似的时域调光方案。最终仿真结果如图 4-9 所示，其中横轴为光照层级 η，纵轴为系统信道容量 C/W。可见在 OFDM-IM 模型下，混合调光方案同比于传统光照方案以及单时域调光方案，都能取到更优的信道容量，同时对 VLC 系统光照层级也具有了更高的鲁棒性与适应性，这一点可以从达到最高信道容量时横轴的持续宽度看出。

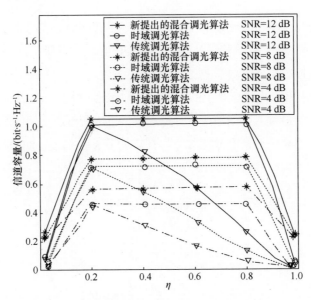

图 4-9　信道容量随光照层级仿真曲线（OFDM-IM 系统）

4.3.3　预编码

多用户 MIMO 以及 GenSM 系统中，在发射端对光信号或者电信号进行预编码处理，可以进一步提高系统频谱效率，改进误码率等系统评价指标。在可见光系统中，常用的预编码算法有块对角（Block Diagonalizatioin，BD）算法[14]以及 Tomlinson-Harashima 预编码（Tomlinson-Harashima Precoding，THP）算法[8]等，通过这些预编码算法，可以降低接收端检测的计算复杂度，在提升谱效、改进误码率的同时降低能耗。此外由于可见光中没有相位的概念，如何在 VLC 系统中引入波束赋形的概念，从而实现超低能耗、高精度的安全通信也是目前的一大挑战。因此在当下 VLC 系统中预编码的研究也越发火热。

以 THP 算法为例，THP 算法[8]是基于脏纸编码的一种非线性预编码算法，通过对预编码的设计来降低接收端检测的星座点符号间干扰，从而提升通信系统整体误码率性能。这种算法结合了脏纸编码以及取模运算，在实际的 MIMO 系统中相比传统线性预编码方法可以取得更优的性能。THP 算法通过正交三角（QR）分解来处理信道矩阵，辅以前置矩阵 $\boldsymbol{F}$，反馈矩阵 $\boldsymbol{B}$ 以及对角增益矩阵 $\boldsymbol{G} = \mathrm{diag}(g_{11}, g_{22}, \cdots, g_{NN})$，同时加入取模运算，从而达到非线性预编码的效果，从误码率和频谱效率上来看都能取得较好的性能。THP 算法硬件模型如图 4-10 所示，其中 MOD 模块表示取模运算。

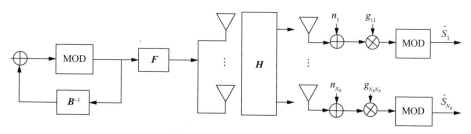

图 4-10 THP 算法硬件模型

与传统的块对角算法相比，基于 THP 算法的非线性预编码能够更准确地提取可见光信道的特征来避免符号间干扰，因此误码率性能更加优良，具体的性能仿真如图 4-11 所示[8]，以不同曲线表示不同的接收机，同时我们以接受情况最差的接收机误码率作为性能评价指标。从图 4-11 中我们可以看出，块对角预编码算法可以很明显地提升部分接收机的误码率性能，但是会恶化剩余用户的性能，而 THP 算法可以更全面地协调多用户系统，保证其误码率性能没有明显的降退。

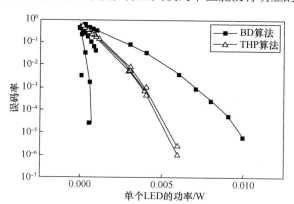

图 4-11 误码率随单个 LED 功率变化的仿真结果

4.3.4 信道估计

在接收端需要获取信道状态信息（Channel State Information，CSI），从而检测并恢复发射端产生的数据流，在这一过程中信道估计必不可少。而可见光信道较为简单，只需要考虑直射径的强度衰减即可，因此文献[15]提出了基于稀疏性的可见光信道估计算法。同时，可见光系统中的环境往往是变化的，因此需要自适应地调整信道估计来适应环境的改变，为解决室内环境变化情况，文献[16]提出了自适应的信道估计算法。其他传统估计算法如最小均方（Least Mean Square，LMS）算法、归一化最小均方（Normalized Least Mean Square，NLMS）算法和块最小均方（Block LMS）算法在这里不再一一阐述。

文献[15]提出的基于压缩感知的信道估计算法，主要用于 IM/DD 的 OFDM VLC 系统，其中主要核心算法是稀疏贝叶斯双变量相关向量机（Relevance Vector Machines，RVM）回归。通过利用稀疏贝叶斯框架，双变量 RVM 回归可以提供对复杂信道响应的实部和虚部的准确估计，因此可以估计信道响应以执行信道补偿。仿真结果表明，使用基于稀疏贝叶斯双变量 RVM 回归的信道估计 OFDM VLC 系统，与使用常规时域平均的系统（误码率）几乎达到了相同的误码率性能。同时利用这种基于稀疏性的新的估计方法，训练序列开销会明显减少。此外，通过采用快速边际似然最大化方法，基于稀疏贝叶斯双变量 RVM 回归的信道估计对于高速 OFDM VLC 系统中的实际应用而言具有较高的计算效率。基于稀疏贝叶斯双变量 RVM 回归的信道估计算法性能如图 4-12 所示[15]，其中 TDA 表示传统的时域平均信道估计方法，横轴为信噪比（SNR），纵轴为均方误差（Mean Squared Error，MSE）。

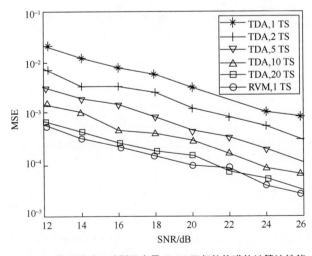

图 4-12　基于稀疏贝叶斯双变量 RVM 回归的信道估计算法性能

4.4 本章小结

在本章中我们介绍了可见光多灯系统以及基于空间调制的可见光系统收发机设计。同时进一步阐述了可见光系统中调制方式、调光方案以及预编码算法和信道估计中的研究热点以及近期的研究成果。需要说明的是：这部分的工作既可以独立在可见光通信系统中发挥作用，也可以根据具体需要，与本书其他章节所介绍的技术相结合，联合优化后共同提升系统性能。毫无疑问，随着 LED 在居家生活中的日益普及以及高频段通信技术的不断发展，可见光通信由于其实施成本低廉、覆盖程度高、频谱资源丰富等诸多优点，在不远的未来会得到越来越广泛深入的应用。

参考文献

[1] MESLEH R, HAAS H, AHN C W, et al. Spatial modulation——a new low complexity spectral efficiency enhancing technique[C]//International Conference on Communications. Piscataway: IEEE Press, 2006: 1-5.

[2] KARUNATILAKA D, ZAFAR F, KALAVALLY V, et al. LED Based indoor visible light communications: state of the art[J]. IEEE Communications Surveys and Tutorials, 2015, 17(3): 1649-1678.

[3] ANWAR D N, SRIVASTAVA A, BOHARA V A, et al. Adaptive channel estimation in VLC for dynamic indoor environment[C]//International Conference on Transparent Optical Networks. Piscataway: IEEE Press, 2019: 1-5.

[4] KHANDANI A K. Media-based modulation: a new approach to wireless transmission[C]//International Symposium on Information Theory. Piscataway: IEEE Press, 2013: 3050-3054.

[5] MAO T, WANG Q, WANG Z, et al. Novel index modulation techniques: a survey[J]. IEEE Communications Surveys and Tutorials, 2019, 21(1): 315-348.

[6] BASAR E, WEN M, MESLEH R, et al. Index modulation techniques for next-generation wireless networks[J]. IEEE Access, 2017, 5: 16693-16746.

[7] JHA M K, KUMAR N, LAKSHMI Y V, et al. Performance analysis of transmission techniques for multi-user optical MIMO pre-coding for indoor visible light communication[C]//International Conference on Wireless Communications and Signal Processing. Pis-

cataway: IEEE Press, 2017.

[8] CHEN J, MA N, HONG Y, et al. On the performance of MU-MIMO indoor visible light communication system based on THP algorithm[C]//International Conference on Communications. Piscataway: IEEE Press, 2014: 136-140.

[9] WANG T, YANG F, CHENG L, et al. Spectral-efficient generalized spatial modulation based hybrid dimming scheme with LACO-OFDM in VLC[J]. IEEE Access, 2018, 6: 41153-41162.

[10] PATHAK P H, FENG X, HU P, et al. Visible light communication, networking, and sensing: a survey, potential and challenges[J]. IEEE Communications Surveys and Tutorials, 2015, 17(4): 2047-2077.

[11] BASAR E, AYGOLU U, PANAYIRCI E, et al. Orthogonal frequency division multiplexing with index modulation[J]. IEEE Transactions on Signal Processing, 2013, 61(22): 5536-5549.

[12] WANG Q, QIAN C, GUO X, et al. Layered ACO-OFDM for intensity-modulated direct-detection optical wireless transmission[J]. Optics Express, 2015, 23(9): 12382-12393.

[13] WANG T, YANG F, PAN C, et al. Index modulation based hybrid dimming scheme for visible light communication[C]//International Conference on Communications. Piscataway: IEEE Press, 2019: 1-6.

[14] YANG P, RENZO M D, XIAO Y, et al. Design guidelines for spatial modulation[J]. IEEE Communications Surveys and Tutorials, 2015, 17(1): 6-26.

[15] CHEN C, ZHONG W, ZHAO L, et al. Sparse Bayesian RVM regression based channel estimation for IM/DD OFDM VLC systems with reduced training overhead[C]//International Conference on Communications. Piscataway: IEEE Press, 2017: 162-167.

[16] JOVICIC A, LI J, RICHARDSON T, et al. Visible light communication: opportunities, challenges and the path to market[J]. IEEE Communications Magazine, 2013, 51(12): 26-32.

第 5 章
可见光通信体系结构

在前面 3 章物理层核心技术介绍的基础上，本章将对基于光学透明介质的低速窄带可见光通信的物理层（Physical Layer，PHY）和媒体访问控制（Media Access Control，MAC）层规范进行简要介绍，并对使用波长范围从 380～780 nm 的波段进行通信的收发机的 PHY 和 MAC 层功能要求给出定义。本章适用于低速窄带可见光通信 PHY 和 MAC 层的设计和开发。

5.1 总体描述

5.1.1 体系结构

1. 物理层

PHY 是计算机网络开放系统互联（Open System Interconnection，OSI）参考模型中最低的一层。物理层规定：为传输数据所需要的物理链路创建、维持、拆除，而提供具有机械的、电子的、功能的和规范的特性。简单来讲，物理层确保原始的数据可在各种物理媒体上传输。

PHY 定义了两种服务，物理层数据（Physical Layer Data，PD）-业务接入点（Service Access Point，SAP）和物理层管理实体（Physical Layer Management Entity，PLME）-SAP。PD-SAP 是 PHY 数据服务，PLME-SAP 是 PHY 管理服务。PHY 数据服务在物理信道上发送和接收物理层协议数据单元（PHY Protocol Data Unit，PPDU）。PHY 管理服务维护一个由物理相关数据组成的数据库。

媒体访问控制协议数据单元（Media Access Control Protocol Data Unit，MPDU）作为 MAC 层输出，经过 PHY 并被不同的 PHY 模块（如信道编码和线路编码）处理，被 PHY 输出后作为物理层服务数据单元（PHP Service Data Unit，PSDU）。PSDU 中添加了含前导码序列字段的同步访问控制头（Synchronization-Access-Control Header，SHR）和一个物理层报头（Physical Layer Header，PHR），其包含用字节表示的 PSDU 长度信息。前导码序列使接收机能够实现同步。SHR、PHR 和 PSDU 共同构成 PHY 帧或 PPDU。

2. 媒体访问控制层

MAC 层定义了数据帧怎样在介质上进行传输。在共享同一个带宽的链路中，对连接介质的访问是"先来先服务"的。物理寻址在此处被定义，逻辑拓扑（信号通过物理拓扑的路径）也在此处被定义。线路控制、出错通知（不纠正）、帧的传递顺序和可选择的流量控制也在这一子层实现。

MAC 层定义了两种 SAP 服务：媒体访问控制通用子层（Media Access Control Common-Part Sublayer, MCPS）-SAP 和媒体访问控制链路管理实体（Media-Access-Control Link-Management Entity, MLME）-SAP。MCPS-SAP 是 MAC 数据服务，MLME-SAP 是 MAC 管理服务。高层通过 MCPS-SAP 访问 MAC 数据服务，通过 MLME-SAP 访问 MAC 管理服务。MAC 层提供的数据服务是借由 PHY 提供的数据服务实现 MPDU 的发送和接收。MAC 层提供的管理服务包括信标管理、同步、关联和解关联、信道接入、确认重传、可见光个域网（Visible Light Personal Area Network, LiPAN）管理和维护、全双工传输等。MAC 层还提供适用于应用场景的安全机制，提供调光、闪烁避免等功能。

5.1.2 地址与标识

同一个 LiPAN 设备可通过一个唯一的 EUI-64 地址 16 bit 的短地址进行寻址，当 LiPAN 设备加入 LiPAN 时，其协调器把 16 bit 短地址分配给 LiPAN 设备。短地址以 16 bit 的无符号整数表示。尚未成功加入 LiPAN 的 LiPAN 设备向协调器发送关联请求消息时缺省使用短地址 0。短地址取值为 255 时为广播地址，用于广播传输。当设备退出网络后，协调器收回为其分配的 16 bit 短地址，可分配给其他 LiPAN 设备。当协调器新建一个 LiPAN 时，在发送第一个信标帧前为自己确定一个 16 bit 短地址。

5.1.3 对调光和闪烁避免的支持

1. 亮度调节

本章允许在调光数据帧之间插入空闲模式，如图 5-1 所示，空闲模式的占空比变化使得亮度发生变化。本章支持两种空闲模式，即带内空闲模式和带外空闲模式。带内空闲模式在时钟里不要求任何变化，可以通过接收机显示。带外空闲模式可以以更低的光学时钟速率发送，不能通过接收机显示。本章允许补偿时间插入到任一空闲模式或数据帧，以减少或增加光源的平均亮度。

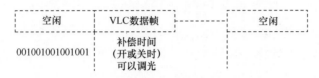

图 5-1　空闲模式和补偿时间调光

可视化模式是一种带内空闲模式，可用于颜色能见度调光（Color Visibility Dimming，CVD）帧的有效载荷。可视化模式用于支持闪烁减缓、持续可见、设备发现和颜色稳定性等功能。OOK 亮度调整通过对称的曼彻斯特符号发送，所以补偿时间需要插入到数据帧以调节发射源的平均强度。OOK 调光帧的结构如图 5-2 所示，调光帧主要由帧头和帧体构成，帧头包含前导码、PHY 帧头、OOK 调光扩展部分，帧体由 $1\sim n$ 个子帧构成，每个子帧包含补偿符号、重新同步、数据子帧。在此 OOK 模式下数据发送时亮度调整的过程会将每个 OOK 调光母帧分裂成子帧，每个子帧可以优先重新同步字段，有助于在补偿时间后调整数据时钟。在帧校验序列（Frame Check Sequence，FCS）计算后和前向纠错应用后，数据帧被分裂成适当长度的子帧。如 OOK 调光通过添加补偿符号来增加亮度。OOK 模式亮度调节通过在 PHY 帧头的亮度调节 OOK 位域设置来提供。通过结合补偿长度光映射和消光比，可以实现任意的亮度水平调节精度。

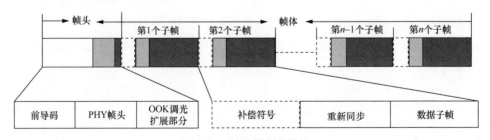

图 5-2　OOK 调光帧的结构

可变脉冲位置调制（Variable Pulse Position Modulation，VPPM）是适用于基于灯光亮度调节的脉冲宽度调制方案，并避免帧内闪烁。在光源中 VPPM 不产生色移，这是由振幅调光引起的，因为 VPPM 脉冲振幅是恒定的，调光由脉冲宽度控制，而不是振幅。VPPM 充分利用了实现无闪烁的脉冲位置调制（2-PPM）、进行调光控制的脉冲宽度调制（PWM）和最大亮度的特点。在 VPPM 中，位 "1" 和 "0" 是由一个单位周期内的脉冲位置区分并在其各自的单位周期里具有相同的脉冲宽度。VPPM 无闪烁特性是从位 "1" 和 "0" 的平均亮度是恒定的属性中获得的。在 VPPM 中调光和最大亮度通过控制 "ON" 时间脉冲宽度来实现。图 5-3 描述了由 VPPM 控制调光的机制。基于调光需求，它可以为 VPPM 调节脉冲宽度。因此，用户能够实现由光源提供最大亮度。如图 5-4 所示，用于有效载荷的光的强度可以通过自适应的 VPPM 符号脉冲宽度来调整。用于前导码和报头的光强度可通过在帧之前插入适当的长度和强度的补偿符号进行调整。

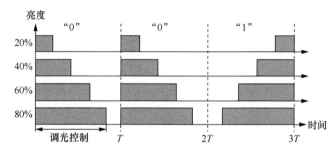

图 5-3　VPPM 调光原理

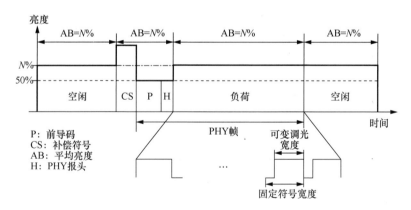

图 5-4　VPPM 调光

2．闪烁避免

为了避免闪烁，必须避免亮度变化的周期比最大闪烁时间周期（Maximum

Flickering-Time Period，MFTP）长。可见光通信的闪烁根据其产生机理分为两类：帧内闪烁和帧间闪烁。帧内闪烁是一帧内可感知的亮度波动。帧间闪烁是相邻帧传输之间可感知的亮度波动。帧内闪烁避免是利用运行长度限定编码或调制方式，或者两者相结合的方式来实现的。用于帧间闪烁避免的调制方式是一种在数据帧之间空闲模式传输，这些数据帧的平均亮度等于所述数据帧的平均亮度。

5.2 PHY 要求

5.2.1 运行模式

PHY 在运行中应执行 PHY 操作模式，见表 5-1。PHY 的调制可在亮度调节的同时进行。在亮度调节的条件下采用的 OOK 调制是通过插入时间补偿来提供恒定范围的可变数据速率；在亮度调节条件下采用的 VPPM 是通过调节脉宽来提供恒定范围的可变数据。

表 5-1　PHY 操作模式

调制方式	RLL 码	光学时钟速率/kHz	前向纠错（Forward Error Correction，FEC）		数据速率/(kbit·s⁻¹)
			外码（RS 码）	内码(CC)	
OOK	曼彻斯特	200	(15,7)	1/4	11.67
			(15,11)	1/3	24.44
			(15,11)	2/3	48.89
			(15,11)	无	73.30
			无	无	100.00
VPPM	4B6B	400	(15,2)	无	32.56
			(15,4)	无	71.11
			(15,7)	无	124.40
			无	无	266.60

本章提供信道编码来纠正错误，见表 5-1。PHY 支持里德–所罗门（Reed-Solomon，RS）码和卷积码（Convolutional Code，CC）的级联编码，同时支持行程长度限制（Run Length Limited，RLL）编码来提供直流电流平衡、时钟恢复和闪烁消除。除了调制和编码外，为了支持多种光发射机实现多种应用，还

提供多种光信号速率。光信号的速率在设备识别过程中由 MAC 层决定。光学时钟速率在整个帧结构中保持不变。

5.2.2　一般要求

1. 波段

设备应以 380～780 nm 的可见光波段或 780～10 000 nm 的红外波段光谱的峰值辐射能量工作，且应工作于一个或多个可见光波段。波段划分见表 5-2。编码指示用于发送帧的波长（包含谱峰），被定义到 PHY 报头中。

表 5-2　波段划分

波长/nm	光谱宽度/nm	编码
[380, 490]	110	000
(490, 577]	87	001
(577, 600]	23	010
(600, 780]	180	011
(780, 10 000]	9 220	100

2. 光映射

应用于光源的 PHY 高切换门限应导致高辐射强度。而应用于光源的 PHY 低切换门限应导致低辐射强度。消光比定义为高辐射强度与低辐射强度之比，它由具体设备所处理。

3. 光源的错误容差

若多光源用于通信，每个光源宜具有相似的频响特性。通过 PHY 输入到各个光源的数字信号应保持同步。在光源输出的上升和下降过程中，平均信号强度的最大展宽不能超过时钟周期的 12.5%。

4. 最小长帧间间隔、短帧间间隔和缩减的帧间间隔

帧间间隔为相邻帧间提供间隔。帧间的最小间隔取决于运行的 MAC 模式。本章提供 3 种帧间间隔：长帧间间隔（Long Inter-Frame Space，LIFS）、短帧间间隔（Short Inter-Frame Space，SIFS）和缩减的帧间间隔（Shorten Inter-Frame Space，RIFS）。其周期见表 5-3。

表 5-3　最小 LIFS、SIFS 和 RIFS 周期（单位：光学时钟）

最小长帧间隔周期 （macMinLIFSPeriod）	最小短帧间隔周期 （macMinSIFSPeriod）	缩减的帧间间隔周期 （macMinRIFSPeriod）
400	120	40

5. 周期时间

发射机（TX）-to-接收机（RX）的周转时间应从最后一次发送的最后时钟后沿一直测量到接收端准备好开始接收下一个 PHY 帧。RX-to-TX 的周转时间应从最后一次接收的最后时钟后沿一直测量到发送端准备好开始发送响应的确认信息。实际的发送开始时间由 MAC 层规范。发送数据时钟速率容差最大应为 $\pm 20 \times 10^{-6}$。

6. OOK 与 VPPM WQI 支持

波长质量指示（Wavelength Quality Indication，WQI）测量是对接收帧的强度和（或）质量的特性描述。该测量可通过接收端能量探测、信噪比估值或以上两者的结合来实现。WQI 的测量应针对每一个接收帧，测量结果应以 0x00～0xff 的整数表示，并通过 PD-DATA 报告给 MAC 层，WQI 的最小和最大值应与接收端所能探测的信号的最差和最高质量相关联，且 WQI 值应归一化到该数值中间。系统至少采用 7 个不同的 WQI 值。与在接收帧的 PHY 报头给出的数值相似，WQI 值应指示波导计划标识符（Identification，ID）。

7. CCA 方式

在 PPDU 接收时，它的作用是让 PHY 根据下述条件来判断当前无线介质是处于忙碌还是空闲状态，并向 MAC 层通报。低速窄带 PHY 至少应按照下面 3 个条件中的空闲信道估计（Clear Channel Assessment，CCA）执行方法中的一种进行信道状态评估。① 能量高于阈值。当检测到能量超过阈值时，CCA 应报告信道忙。② 仅采用载波倾听。只有检测到具有本章调制特性的信号 CCA 时才报道信道忙，该信号可以超过或低于能量阈值。③ 载波倾听联合能量检测。只有检测到具有中国标准调制特性的信号并且其能量高于阈值时，CCA 才报道信道忙。

8. 数据发送模式

PHY 应支持以下数据发送模式：单次模式、聚合模式、突发模式和亮度调节OOK 模式，如图 5-5 所示。单次模式每帧发送一个数据单元。它可用于短数据通信，如发送确认、联合、信标或信息广播模式等。聚合模式帧包含多个数据单元，它发送多个连续的 PHY 单元到相同的目的地来实现高吞吐量。突发模式在突发之

后的第一帧中采用缩短长度的 PHY 前导序列定义。此外在两帧之间用 RIFS 代替
SIFS。缩短的前导序列可提升系统的效率和吞吐量。亮度调节 OOK 模式用于支持
在有亮度调节要求下的数据传输。

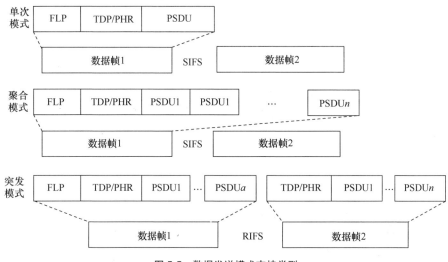

图 5-5　数据发送模式支持类型

5.2.3　灯光亮度调节

1. 通信空闲时间的亮度调节

通过在数据帧之间插入占空比导致亮度变化的带内或带外空闲模式可实现亮
度调节。注意带外的概念包括通过无调制的直流偏置来保持适当的调光可视化。
也可以通过在空闲模式或数据帧之间插入补偿时间（光源的打开或关闭时间）来
降低或增加光源的平均亮度。

可视化模式是一种带内空闲模式，作为 CVD 帧有效载荷的一部分被发送。由
11 个基本低分辨率的模式构成的具有 10%步长集合应用于可视化模式下的亮度调
节。当可视化模式和有效 RLL 编码之间无冲突时，由任意 11 个基本低分辨率的任
意长度的可视化模式构成的集合可被采用。以 8B10B 编码为例，由 11 个模式构成
的集合见表 5-4。低分辨率模式应该通过根据时间取平均来生成高分辨率模式，用
于拓展成高分辨率可视化模式。例如，如果可视化模式以 10%的分辨率可视化，

那么 25%的可视化模式可由交替发送 20%和 30%的可视化模式来产生。该方法确保所有的可视化模式可以保持与基本低分辨率的可视化模式相同的特性。可视化模式通过重复来确保 PHY 报头中所提到的帧长。

表 5-4   8B10B 编码模式示例

可视化模式	可视化程度
11111 11111	100%
11110 11111	90%
11110 11110	80%
11101 11100	70%
11001 11100	60%
10001 11100	50%
00001 11100	40%
00001 11000	30%
00001 10000	20%
00001 00000	10%
00000 00000	0

2. 数据发送时的亮度调节

亮度调节 OOK 模式通过在 PHY 报头的亮度调节 OOK 位域设置来提供。通过结合补偿长度、光映射和消光比，可实现任意的亮度水平调节精度。如果某个要达到的亮度调节导致不合要求的性能，那么设备应从网络中分离。

VPPM 支持的调节门限分辨率为 10%。为了支持 0.1%的亮度调节分辨率，VPPM 物理层应采用如下算法。该算法依赖以下符号：VS_0, VS_1, VS_2,···, VS_{10}。VS_0 对应关闭状态的光源（macDim = 0），而 VS_{10} 对应完全打开的光源（macDim = 1 000）。$VS_1 \sim VS_9$ 代表 d = 0.1～0.9 时的 VPPM 符号。算法步骤如下。

① 选择亮度调节水平 macDim。

② 首先，确定相应符号的类型，也就是 $k_1$macDim/100 和 $k_2$macDim/100，它们代表四舍五入到下一个整数和下一个更大的整数。

③ 下一步，计算每个符号被发送的次数：rep_2 = macDim−100k_1 和 rep_1= 100−rep_2。

④ 接下来，为了实现要求的亮度调节水平 macDim，循环分配 VS_{k_1} rep_1 次，然后分配 VS_{k_2} rep_2 次。如果 VPPM 信号的符号不能以 100 为模，那么增加 VPPM 空闲模式符号来使其数目以 100 为模。

注意在数据传输过程中，只有 VS_1 和 VS_9 之间的 VPPM 符号可以承载数据信息，这是因为 VS_0（灯完全关闭）和 VS_{10}（灯完全打开）时不可能发生状态切换。因此，当 macDim 值小于 100 时，数据信息只被 VS_1 承载。类似地，当 macDim 值大于 900 时，数据信息只被 VS_9 承载。即使数据传输不能保证，也应确保所有的亮度调节要求得到满足。为了保证最优化探测，接收端宜通过改变其匹配滤波器来应对发送符号脉冲形状的变化。

默认情况下，VPPM 采用 50%的占空比。如果采用 VPPM 来支持亮度调节，MAC 应发送亮度调节通知命令。发射端和接收端都应采用以上的算法来实现 VPPM 亮度调节。发射端应满足上层的所有亮度调节的要求。

5.2.4　闪烁避免

闪烁避免可分为帧内闪烁避免和帧间闪烁避免。帧内闪烁避免指在传送一个数据帧内实现闪烁消除。OOK 的帧内闪烁可以通过采用亮度调节 OOK 模式和 RLL 编码来避免。VPPM 本身不会产生任何帧间闪烁，并且也采用 RLL 编码。帧间闪烁避免适用于数据传输（RX 模式）和空闲周期。在空闲时刻可视化模式或空闲模式可以被用于在相邻最大闪烁时间周期之间，确保 VLC 发射端的光源发出和数据传输时具有相同的平均功率。这些模式可进行带内或带外调制。当 MAC 层以上的亮度调节设置发生改变时，MAC 层和 PHY 通过调节数据传输和空闲时间来调整至新的亮度调节设置。

5.2.5　PPDU 格式

1. 前导码

本章设计 PPDU 帧结构从而使左边前导码域首先被发送或接收。所有的多字节域应以最低有效字节优先的顺序来发送或接收。PHY 和 MAC 层的数据域传递也应采用相同的发送顺序。PPDU 帧结构如图 5-6 所示。

每个 PPDU 帧由下述基本单元所组成：SHR，使接收设备能够同步和锁定比特流；PHR，包含帧长信息；PHY 有效载荷，可变长度的有效载荷，携带 MAC 层的帧。

前导码	PHY报头	报头检测序列	可选域	PSDU
SHR	PHR			PHY有效载荷

图 5-6　PPDU 帧结构

前导码的主要作用是进入信息来实现时钟同步、频率同步，提醒有效信号接入的时间来避免有效信号的丢失。通过 4 种不同的拓扑相关码来区分 4 种不同的拓扑结构。本章定义了一个快速锁定模式（Fast Lock Pattern，FLP），MAC 层会在时钟速率选择阶段确定合适的光学频率进行通信。

前导码是一个时域的序列，且不含任何信道编码或线路编码。前导码以FLP 开始，用来区分不同的 PHY 拓扑结构。FLP 以固定的 0 为结尾。此最大化的转变序列用于锁定时钟和数据恢复电路。FLP 的长度不应超过图 5-7 所示的最大长度。FLP 之后将会发送 4 个重复的如图 5-8 所定义的拓扑依赖模式。拓扑依赖模式的长度为 15 bit，且每经过一次就会反转，从而提供直流电流的平衡。

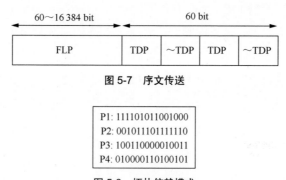

图 5-7　序文传送

P1: 111101011001000
P2: 001011101111110
P3: 100110000010011
P4: 010000110100101

图 5-8　拓扑依赖模式

前导码应采用OOK 的调制方式。对于单次模式和封装模式的前导码应以图 5-7 所示的结构构成。对于所有的光源应在所支持的频段内同时发送相同的序文模式，且应在相同的容差范围内。

对于突发模式的传输，如图 5-9 所示，FLP 只包含在第一个帧中。由于接收端和发射端已实现同步，随后的帧不包含 FLP。这将降低序文一般的长度，从而为MAC 层提供更高的吞吐量。所有的 PHY 都采用相同的序文序列。FLP 的重复次数可被 MAC 层在空闲时提取，或用于不同的运行模式以实现更好的同步，提供可视化或实现基于图像阵列接收机的设备识别。

图 5-9　突发序文传送

2. PHY 报头

PHY 报头主要通过 OOK 模式调制方式来发送，所有光源都应在光源错误容差范围内同时传输相同报头。MAC 层应在时钟速率选择过程中确定适中的通信速率，PHY 报头应在此时钟下用最小数据速率进行发送。在前导码、报头和有效载荷之间的整个帧阶段，时钟速率不会变化。如果报头中的调光 OOK 扩展位被置位，表示支持调光功能，PHY 报头发送完毕后，要紧跟着发送一个调光 OOK 扩展域，见表 5-5。突发模式位指示当前帧的下一帧为突发模式的一部分。

表 5-5　PHY 报头和调光 OOK 扩展域

PHY 报头	突发模式	1 bit	减少前导码长度和间隔
	信道数目	3 bit	光波段划分
	PSDU 长度	16 bit	长度为 0~aMaxPHYFrameSize
	无效 OOK 扩展	1 bit	补偿时间、同步长度和子帧长度信息
	保留域	5 bit	未来应用
调光 OOK 扩展域	补偿长度	10 bit	光学时钟的补偿长度
	同步长度	4 bit	同步光学时钟的数量
	子帧长度	10 bit	光学时钟中的子帧长度

当采用支持亮度调节的 OOK 调制时，亮度调节 OOK 位应设置为 1。当亮度调节 OOK 模式开始使用时，亮度调节 OOK 位应被设置。亮度调节 OOK 扩展位指示头之后还有更多的运行域。

3. 报头检测序列

PHY 报头被 2 个字节 CRC-16 报头校验序列（Header Calibration Sequence，HCS）保护。HCS 位应在发送命令中进行处理，其暂存器初始被置为全 1。

4. 可选域

当采用光时钟速率为 200 kHz 时，在 HCS 之后有 6 个由 0 构成的尾部位。补偿长度具有 10 bit 的数值，它指示在光时钟频率下补偿符号的数目。补偿符号的数值由用户定义。当被采用时，该域的值在 0～1 023 之间。重新同步长度具有 4 bit 的数值，它指示在光时钟频率下重新同步符号的数目。重新同步模式与 FLP 相同，当被采用时，该域的值在 0～15 之间。子帧长度具有 10 bit 的数值，它指示子帧中未编码数据的位数。当被采用时，该域的值在 0～1 023 之间。子帧在 FCS 被确定和 FEC 被应用之后，在发射端生成。FEC 和 FCS 不包括补偿符号和重新同步符号。除了最后一个子帧，所有的子帧具有相同的长度，它们可以通过截断来满足帧长。PPDU 可选域检验序列（Optional Field Check Sequence，OFCS）值按照整个补偿长度，通过重新同步长度和子帧长度域算得，同时被添加到 OFCS 域中。

5. PSDU 域

PSDU 字段长度可变，它承载着 PHY 帧的数据并负责传输 PHY 数据分组里的数据。如果 PSDU 具有非零字节的有效载荷，FCS 将被附加上。图 5-10 所示为 PSDU 域的结构。

图 5-10　PSDU 域的结构

5.2.6　PHY

1. 参考调制器框架

PHY 调制器框架如图 5-11 所示。

级联编码是由一个外码（RS 码）和内码（CC）构成的。RS 编码器的输出是用零点填充的，从而形成一个交织的边界。之后舍弃填充的零点，并将结果送到一个内卷积编码器。帧结构中的 PHR 和 PSDU 都受到 FEC 的差错控制。PHR 是根据当前设定的时钟速率所对应的信号速率来编码的。

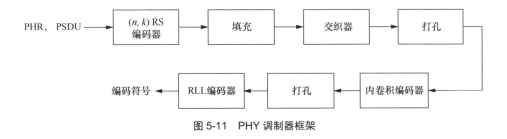

图 5-11　PHY 调制器框架

2. 外前向纠错编码器

对于 PHY 中所用的 GF(16)外部 FEC，其中系统 RS 编码采用 x^4+x+1 多项式
生成。生成多项式见表 5-6。

表 5-6　生成多项式

(n, k)	g(x)
(15,11)	$x^4 + a^{13}x^3 + a^6x^2 + a^3x + a^{10}$
(15,7)	$x^8 + a^{14}x^7 + a^2x^6 + a^4x^5 + a^2x^4 + a^{13}x^3 + a^5x^2 + a^3x + a^6$
(15,4)	$x^{11} + a^9x^{10} + a^8x^9 + a^4x^8 + a^9x^7 + a^{13}x^6 + a^4x^5 + a^{12}x^4 + a^4x^3 + a^5x^2 + a^3x + a^6$
(15,2)	$x^{13} + a^3x^{12} + a^8x^{11} + a^9x^{10} + a^2x^9 + a^4x^8 + a^{14}x^7 + a^6x^6 + a^{10}x^5 + a^7x^4 + a^{13}x^3 + a^{11}x^2 + a^5x + a$

如果不符合块大小的要求，则可将 RS 编码缩短为最后一个块。对于 RS 编码
而言不能有补零。用于帧大小不匹配码字边界的短 RS 码为了减小填充开销，可以
采取以下操作。由 RS(n,k)编码，可以通过以下操作获得 RS($n-s, k-s$)：① 利用 s
个 RS 符号对 $k-s$ 个 RS 符号进行补零；② 利用 RS(n,k)进行编码；③ 删掉所添加
的零点；④ 在解码端进行补零操作，然后解码。

3. 交织器与打孔模块

一个交织器模块是用来做卷积内码和 RS 外码交织的，如图 5-12 所示。交织
器的高度固定为 n，深度 D 根据帧长度可变。交织器的可变深度和其之后的打孔
用来使补零的开销最小。

4. 内前向纠错编码器

内前向码是基于一个编码速率 1/3 的母卷积码。其约束长度为 7，生成多项式
为 $g_0 = 133_8, g_1 = 171_8, g_2 = 165_8$，如图 5-13 所示。6 个位为零的应在编码末端，从
而使内卷积编码器以一个全零状态停止。尾部的零码适用于采用内前向卷积编码
的头文件和载荷。

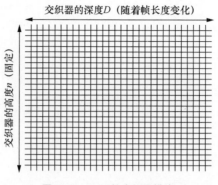

图 5-12　PHY 的交织器模块

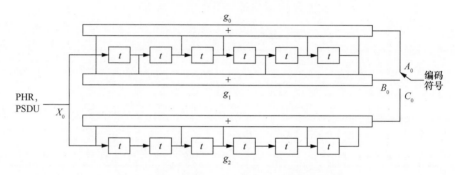

图 5-13　约束长度为 7，码率为 1/3 的母卷积码

1/4 速率编码可以用速率为 1/3 的母码打孔成 1/2 速率编码，然后再简单地重复一次获得，如图 5-14、图 5-15 所示。

图 5-14　打孔得到 1/2 速率编码　　　　图 5-15　重复后得到 1/4 速率编码

1/3 速率编码可以通过图 5-13 中的 1/3 速率母码的输出来获得。如图 5-16 所示，2/3 速率编码可以通过对 1/3 速率母码进行打孔来获得。

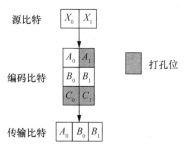

图 5-16　打孔得到 2/3 速率编码

5. 有限运行周期编码器

所有的 VPPM 都应采用 4B6B 编码。4B6B 是一种利用直流均衡从而将 4 bit 扩展为 6 bit 的编码方式。每个 VPPM 编码符号中的 1 和 0 的个数都是 3。表 5-7 所示为 4B6B 编码方式。

表 5-7　4B6B 编码方式

4B (输入)	6B (输出)	十六进制
0000	001110	0
0001	001101	1
0010	010011	2
0011	010110	3
0100	010101	4
0101	100011	5
0110	100110	6
0111	100101	7
1000	011001	8
1001	011010	9
1010	011100	A
1011	110001	B
1100	110010	C
1101	101001	D
1110	101010	E
1111	101100	F

OOK 模式应采用曼彻斯特直流均衡编码。曼彻斯特编码将每一个位扩展成 2 bit。其扩展方式见表 5-8。

表 5-8　曼彻斯特编码

位	曼彻斯特符号
0	01
1	10

6. VPPM 的数据映射

VPPM 数据映射的定义见表 5-9。当有从"高"到"低"的信号跳变的时候，将对应的物理值映射为逻辑值 0；当有从"低"到"高"的信号跳变的时候，将对应的物理值映射为逻辑值 1。表 5-9 中的变量 d 是 VPPM 的占空比，其通过 VPPM 模式下的调光装置给出数值。

表 5-9　VPPM 数据映射

逻辑值	物理值($0.1{\leq}d{\leq}0.9$)	
0	高	$0{\leq}t<dT$
	低	$dT{\leq}t<T$
1	低	$0{\leq}t<(1{\sim}d)T$
	高	$(1{\sim}d)T{\leq}t<T$

5.3　MAC 层协议

5.3.1　MAC 功能描述

1. 超帧结构

MAC 将采用基于超帧结构的资源调度及信道接入方式。超帧以信标时隙的开始作为边界，超帧结构由协调器定义。协调器在每个超帧的信标时隙中发送信标帧。信标帧描述了超帧结构以及资源调度信息等。设备通过信标帧来与协调器保持同步，并根据信标中的调度信息接入信道。超帧可分为活跃期和非活跃期，如图 5-17 所示。在一个超帧的活跃期内时间被划分为 N 个等长的时隙，作为描述超帧的最小单位，称之为超帧时隙。每个时隙的长度、超帧包含的时隙个数等参数均由协调器设定，并通过超帧开始时发出的信标帧广播到整个 LiPAN。

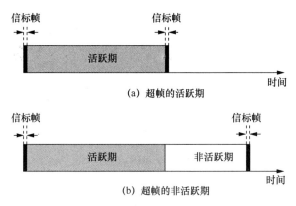

图 5-17　超帧的活跃期和非活跃期

根据 LiPAN 工作的拓扑模式，超帧的活跃期可进一步划分为信标区域（Beacon Period，BP）、竞争接入区（Centention Access Period，CAP）和无竞争区域（Contention Free Period，CFP），如图 5-18 所示。CAP 紧接在 BP 之后，并且在 CFP 来临之前结束。如果超帧中不包含 CFP，即 CFP 长度为 0，CAP 应在超帧结束前结束。

对于工作于点对点（Peer-to-Peer，P2P）模式的 LiPAN，不包含 CAP 及 CFP。对于工作于星形模式及协调模式的 LiPAN，CAP 长度应大于或等于 aMinCAPLength，并可根据 CFP 的长度进行调整。在 CAP 中，设备需要采用载波侦听多路访问/冲突避免（Carrier Sense Multiple Access with Collision Avoidance，CSMA/CA）算法与其他设备竞争信道。工作于星形模式及协调模式的 LiPAN，协调器可在超帧中安排 CFP。对于低时延或需要特定带宽的应用，协调器可在 CFP 中为其分配专用的带宽资源。CFP 可进一步分为一个或多个保证时隙（Guaranteed Time Slot，GTS），所有传输在超帧结束前结束。BP 用于信标的发送，开始于超帧的第一个时隙，可进一步被划分为多个信标时隙，信标区域与信标帧间时隙示意如图 5-19 所示。每个信标时隙的长度应等于信标 PPDU 的持续时间加上随后的信标与信标帧间空隙（Beacon to Beacon Inter-Frame Space，B2BIFS）。对于 P2P 模式及星形模式的 LiPAN，BP 仅包含一个信标时隙。对于协调模式的 LiPAN，BP 可包含一个或多个信标时隙，最多支持 aMaxBeaconSlot 个信标时隙，本 LiPAN 的协调器可占用其中的一个信标时隙发送属于本 LiPAN 的信标帧。

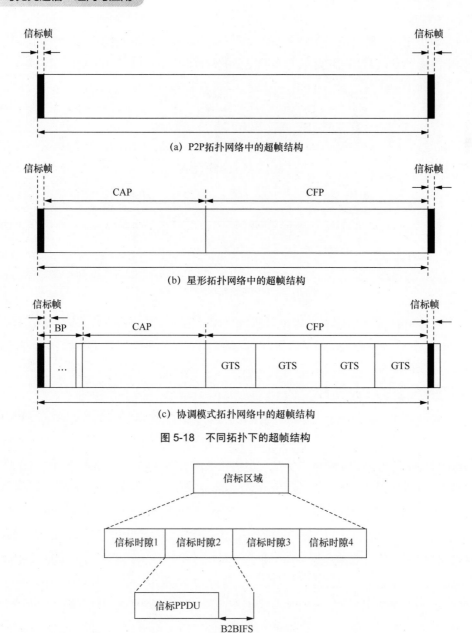

(a) P2P拓扑网络中的超帧结构

(b) 星形拓扑网络中的超帧结构

(c) 协调模式拓扑网络中的超帧结构

图 5-18　不同拓扑下的超帧结构

图 5-19　信标区域与信标时隙示意

2.　信道接入

本节支持基于竞争和基于非竞争的信道接入机制。基于竞争的信道接入在

CAP 中进行，基于非竞争的信道接入用于信标帧的传输及 CFP 中的传输。CAP 中应采用 CSMA/CA 机制进行信道接入，可采用基于优先级的 CSMA/CA 机制。在 CAP 中的竞争传输，可采用请求发送（Request to Send，RTS）/允许发送（Clear to Send，CTS）机制。当采用 RTS/CTS 机制时，设备在通过竞争获得传输权后，应在要发送数据帧或命令帧前，先发送 RTS 帧。协调器在成功收到 RTS 帧后，应向发送 RTS 帧的设备答复 CTS 帧。设备只有在收到对应的 CTS 帧后，才能继续发送数据帧或命令帧。如果设备在发送 RTS 帧后的 100 ms 内没有收到对应的 CTS 帧，不能继续发送该待发送的数据帧或命令帧，可尝试重发 RTS 帧。RTS/CTS 机制示例如图 5-20 所示。

图 5-20　RTS/CTS 机制示例

LiPAN 中的协调器或每个设备可支持多个带宽。当协调器或某个设备支持多个带宽时，可在传输时选择所使用的带宽。协调器或设备所使用的带宽应小于等于自身最大发送带宽和接收方最大接收带宽的最小值。由于 LiPAN 中的协调器和各个设备可能使用多个不同的带宽，在 CAP 中，协调器可能无法提前获知哪个设备能够成功竞争到信道进行传输，造成协调器无法设置其接收机工作于合适的带宽。协调器可以确定每个已关联设备所支持的带宽信息，并根据自身及各个设备所支持的最大带宽将 CAP 划分为多个区域，协调器为每个区域指定一个允许传输的带宽，并通过信标将 CAP 的划分情况及每个区域与传输带宽的对应关系广播下发。每个区域只允许使用协调器指定的带宽发送。各个设备根据接收到的信标帧中的 CAP 描述符确定协调器对 CAP 的划分情况及每个区域与传输带宽的对应关系，并根据所使用的带宽，在该带宽所对应的区域进行传输。当设备支持多个带宽时，可以通过调整使用的带宽，在所支持的各个带宽对应的 CAP 的不同区域进行传输。

当协调器将 CAP 根据各个设备的带宽进行划分后，在每个划分的区域，均可指示是否采用 RTS/CTS 机制。当 LiPAN 中的协调器和各个设备支持多个不同的带宽时，协调器也可不对 CAP 进行划分，此时，CAP 中的传输应使用 RTS/CTS 机制，发送设备应在竞争到信道之后，首先发送 RTS 帧，并在 RTS 帧中指示待传输的帧所使用的带宽，协调器接收到该 RTS 帧后，根据 RTS 帧中所指示的带宽信息确定接收该设备将要发送的帧所应使用的带宽，同时答复 CTS 帧。其中，RTS 与 CTS 均采用最小带宽，如果需要确认（Acknowledgement，ACK），ACK 帧也应采用最小带宽发送。协调器应使用 RTS 帧中所指示的带宽信息来接收该设备将要发送的帧。协调器可将超帧的 CFP 分为一个或多个 GTS，并分配给自身或其他已关联的设备无竞争传输使用，以满足业务的服务质量（Quality of Service，QoS）需求。GTS 允许将超帧的一部分分配给协调器或设备专用。GTS 仅能由协调器分配。协调器应通过信标帧下发 GTS 分配的信息。

3. 创建 LiPAN

协调器在创建 LiPAN 之前，需要先对收发机的 MAC 层和 PHY 进行初始化，然后通过扫描过程获取邻居 LiPAN 信息，并根据扫描结果为新创建的 LiPAN 选择合适的 LiPAN ID、协调器短地址等参数，最后根据参数配置超帧，开始周期性广播信标，LiPAN 创建成功。需要注意的是，广播拓扑的 LiPAN 不需要执行创建 LiPAN 的过程。

不同拓扑的 LiPAN 其创建过程稍有不同。点对点拓扑 LiPAN 中，协调器通过主动扫描获取邻居 LiPAN 信息。星形拓扑 LiPAN 中，协调器通过被动扫描获取邻居 LiPAN 信息。协调模式拓扑 LiPAN 中，协调器通过回程链路扫描获取邻居 LiPAN 信息。

LiPAN 设备在与协调器进行关联之前进行被动扫描。欲创建一个新 LiPAN 的潜在协调器在创建 LiPAN 之前，如果其回程链路扫描不可实施的话，潜在协调器执行被动扫描。LiPAN 设备或协调器在被动扫描过程中，MAC 层需要丢掉 PHY 所收到的所有不是信标的帧。MAC 层的邻近高层通过原语指示 MLME 执行被动扫描。邻近高层向 MLME 发送 MLME-SCAN.request，其中"扫描类型"指示进行被动扫描。收到该原语后，接收机在该原语中所指示的扫描时间内接收其他协调器发送的信标。MLME 每接收到一个新的信标，就将信标中所携带的信息记录在其维护的本地邻居网络描述符列表中。如果 MLME 接收到的信标中包含的 LiPAN ID 和源地址均是 MLME 之前接收到的信标中所没有的，则该信标就被认为是一个新的信标。当扫描时间结束后，MLME 向其邻近高层发送 MLME-SCAN.confirm，并通过该原语将本地邻居网络描述符列表上报给邻近高层。至此，被动扫描过程结束。

　　LiPAN 设备通过主动扫描来发现周围存在的其他协调器发送的信标。在星形拓扑和协调模式拓扑 LiPAN 中，当协调器请求设备上报邻居网络描述符列表时，LiPAN 设备执行主动扫描。LiPAN 设备在主动扫描过程中，MAC 层需要处理所有接收到的物理帧，包括来自邻居 LiPAN 的物理帧。MAC 层的邻近高层通过原语指示 MLME 执行主动扫描。邻近高层向 MLME 发送 MLME-SCAN.request，其中"扫描类型"指示进行主动扫描。MLME 收到该原语后，产生一条信标请求命令帧，并广播该命令帧。之后，接收机在该原语中所指示的扫描时间内接收其他协调器发送的信标。如果一个点对点拓扑 LiPAN 中的协调器收到信标请求命令帧，则协调器立即向该信标请求命令帧的发送方发送一个信标帧以示回应。如果一个星形或者协调模式拓扑 LiPAN 中的协调器收到信标请求命令帧，则协调器忽略该信标请求命令帧并仍然按以前的周期发送信标。MLME 每接收到一个新的信标，就将信标中所携带的信息记录在其维护的本地邻居网络描述符列表中。如果接收到的信标中包含的 LiPAN ID 和源地址均是 MLME 之前接收到的信标中所没有的，则该信标被认为是一个新的信标。当扫描时间到后，MLME 向其邻近高层发送 MLME-SCAN.confirm，并通过该原语将本地邻居网络描述符列表上报给邻近高层。至此，主动扫描过程结束。

　　欲创建一个新的 LiPAN 的潜在协调器在创建 LiPAN 之前，如果其可以通过回程链路与其他协调器进行通信的话，则潜在协调器执行回程链路扫描。潜在协调器 MAC 层的邻近高层通过原语指示 MLME 执行回程链路扫描。潜在协调器邻近高层向 MLME 发送 MLME-SCAN.request，其中"扫描类型"指示进行回程链路扫描。MLME 收到该原语后，产生回程链路扫描请求命令帧，并通过回程链路广播该命令帧。之后，接收机在该原语中所指示的扫描时间内接收其他协调器发送的回程链路扫描确认命令帧。接收到回程链路扫描请求命令帧的协调器，向该命令帧的发送方回复一个回程链路扫描确认帧，回程链路扫描确认帧中携带有该协调器所在 LiPAN 的 LiPAN ID。潜在协调器的 MLME 每接收到一个新的回程链路扫描确认命令帧，就将该命令帧中所携带的网络描述符信息记录在其维护的本地邻居网络描述符列表中。如果 MLME 接收到的回程链路扫描确认命令帧中包含的 LiPAN ID 和源地址均是 MLME 之前接收到的回程链路扫描确认命令帧中所没有的，则该回程链路扫描确认命令帧就被认为是一个新的回程链路扫描确认命令帧。当扫描时间到后，MLME 向其邻近高层发送 MLME-SCAN.confirm，并通过该原语将本地邻居网络描述符列表上报给邻近高层。至此，回程链路扫描过程结束。

一个潜在协调器通过如下过程创建一个新的 LiPAN。潜在协调器的邻近高层向 MLME 发送一条 MLME-RESET.request，MLME 收到原语后向 PHY 的 PLME 发送 PLME-SET-TRX-STATE.request，要求 PHY 将收发机关闭。之后 MLME 将对 MAC 层进行初始化，将内部变量置为默认值。完成后，MLME 向邻近高层回复一条 MLME-RESET.confirm，以上报初始化操作的结果。初始化成功后，邻近高层向 MLME 发送 MLME-SCAN.request，指示 MLME 执行扫描过程以发现周围的其他 LiPAN。潜在协调器执行的扫描类型由邻近高层决定，并在 MLME-SCAN.request 中指示。扫描过程的最后，MLME 通过 MLME-SCAN.confirm 向邻近高层上报扫描结果。邻近高层根据 MLME 在 MLME-SCAN.confirm 中上报的扫描结果为即将创建的 LiPAN 选择一个 LiPAN ID 和协调器短地址。邻近高层应选择一个与扫描结果中上报的邻居 LiPAN 的 LiPAN ID 和协调器短地址不同的 LiPAN ID 和协调器短地址，并将选择的 LiPAN ID 和协调器短地址通过 MLME-START.request 告知 MLME。MLME 收到 MLME-START.request 后，获得 LiPAN ID 和协调器短地址后，开始创建超帧，并使用该 LiPAN ID 和协调器短地址周期性发送信标帧。

4. LiPAN 的维护

LiPAN 的维护包括如下几个过程。① LiPAN ID 冲突。当两个不同的 LiPAN 使用相同 LiPAN ID 时，则认为发生 LiPAN ID 冲突，协调器需要通过 LiPAN ID 冲突分解过程使两个 LiPAN 的 LiPAN ID 不再相同。② LiPAN 重对齐。当 LiPAN 的 LiPAN ID、超帧时长、超帧起点等参数发生变化时，LiPAN 通过执行 LiPAN 重对齐过程使得协调器和设备获取新的参数，并同时开始使用新的参数。③ 邻居 LiPAN 状态监测。邻居 LiPAN 状态监测是为了发现和获取邻居 LiPAN 信息，以便于 LiPAN ID 冲突分解、邻居 LiPAN 干扰协调、切换等过程的执行。

协调器负责 LiPAN 的维护，LiPAN 设备参与和配合 LiPAN 的维护。运行在同一个区域的两个 LiPAN 可能会使用相同的 LiPAN ID，如果这种情况发生，则认为产生了 LiPAN ID 冲突，协调器和 LiPAN 设备需要执行 LiPAN ID 冲突分解。① 当如下任意情况发生时，协调器认为发生了 LiPAN ID 冲突：收到了设备发送的 LiPAN ID 冲突指示命令帧；收到了其他协调器发送的 LiPAN ID 与本 LiPAN 的 LiPAN ID 相同的信标帧。② 当如下情况发生时，设备认为发生了 LiPAN ID 冲突：收到了不是本 LiPAN 的协调器发送的，但是 LiPAN ID 与本 LiPAN 的 LiPAN ID 相同的信标帧。

　　LiPAN 设备一旦判断发生了 LiPAN ID 冲突后，则产生 LiPAN ID 冲突指示命令帧并发送给协调器，以上报所检测到的 LiPAN ID 冲突。协调器收到后向设备回复 ACK 帧以示确认。当 LiPAN 设备收到了协调器的 ACK 帧后，其 MLME 产生 MLME-SYNC-LOSS.indication 并发送给邻近高层，该原语中指示"失步原因"为"LiPAN ID 冲突"。如果设备没有收到 ACK 帧，则设备不通知邻近高层。协调器接收到 LiPAN ID 冲突指示命令帧后，协调器的 MLME 产生一条 MLME-SYNC-LOSS.indication 并发送给协调器的邻近高层，该原语中指示"失步原因"为"LiPAN ID 冲突"。协调器的邻近高层收到该原语后，产生一条 MLME-NEIGHBOR-REPORT.request 发送给 MLME。协调器的 MLME 收到该原语后，产生一条邻居 LiPAN 上报请求命令帧，并将该命令帧发送给由协调器临近高层确定的上报设备。如果协调器的邻近高层确定了多个上报设备，协调器可以选择单播或多播发送该命令帧。上报设备的确定由邻近高层确定。邻近高层在 MLME-NEIGHBOR-REPORT.request 中的"上报设备"参数中向 MLME 指示上报设备。上报设备收到邻居 LiPAN 上报请求命令帧后，执行主动扫描，并根据主动扫描结果更新其维护的本地邻居网络描述符列表。主动扫描结束后，上报设备根据其维护的本地邻居网络描述符列表生成邻居 LiPAN 上报指示命令帧并发送给协调器，上报设备更新后的本地邻居网络描述符列表信息包含在邻居网络上报命令帧中。协调器每收到一条邻居 LiPAN 上报指示命令帧，则更新其维护的全局邻居网络描述符列表。如果协调器向某个上报设备发送了邻居 LiPAN 上报请求命令帧后，未能在 100 ms 内收到该上报设备发送的邻居 LiPAN 上报指示命令帧，则协调器重发请求命令帧。协调器最多重发 4 次。4 次之后如果协调器仍未能收到上报设备的上报请求命令帧，则协调器判断该设备的邻居网络上报过程失败。当协调器收到所有 LiPAN 设备的邻居 LiPAN 上报指示命令帧后或协调器判断设备邻居网络上报失败后，其 MLME

产生一条 MLME-NEIGHBOR-REPORT.confirm 并发送给邻近高层以上报更新后的全局邻居网络描述符列表。协调器根据更新后的全局邻居网络描述符列表选择一个新的 LiPAN ID。协调器应选择一个与更新的全局邻居网络描述符列表中所包含的 LiPAN ID 不同的 LiPAN ID。协调器的邻近高层将选择的 LiPAN ID 通过 MLME-START.request 告知 MLME，并将该原语中的"协调器重对齐"参数设置为"真"。之后，协调器执行 LiPAN 重对齐过程开始使用新的 LiPAN ID。

协调器通过 LiPAN 重对齐过程使用新的 LiPAN 配置参数，比如 LiPAN ID、超帧起始位置、超帧时长等。协调器的 MLME 接收到来自邻近高层的、且"协调器重对齐"参数设置为"真"的 MLME-START.request 后，协调器的 MLME 产生并广播发送协调器重对齐命令帧，该命令帧中包含了新的 LiPAN 配置参数以及新参数生效的时间。LiPAN 设备接收到协调器重对齐命令帧后，其 MLME 产生一条 MLME-LOSS-SYNC.indication 发送给邻近高层以上报 LiPAN 重对齐过程。协调器重对齐命令帧中的"生效时间"指示了新的 LiPAN 配置参数将在哪个超帧生效。协调器发完协调器重对齐命令帧后还在后续的信标帧中通过设置"参数更新倒计时"来指示新参数将在哪个超帧生效。生效时间到时，协调器和 LiPAN 设备均开始使用新的 LiPAN 配置参数。协调器重对齐命令帧中的参数更新序列号域指示了此次参数更新的序列号，该序列号的取值与协调器随后在信标中的"参数更新序列号"域的取值相同。LiPAN 设备收到协调器重对齐命令帧或信标后，需要本地保存该序列号。如果 LiPAN 设备收到了"参数更新序列号"与本地保存的序列号不一致的信标，但是 LiPAN 设备并未获取到参数更新后的取值，则 LiPAN 设备可以向协调器发送 LiPAN 参数请求命令帧，请求协调器告知更新后的参数取值。协调器收到 LiPAN 设备的 LiPAN 参数请求命令帧后，向 LiPAN 设备回复 LiPAN 参数响应命令帧，该命令帧中包含了更新后的 LiPAN 参数。协调器和 LiPAN 设备通过 MLME-SET.request/confirm 来配置新的参数。

协调器和 LiPAN 设备通过邻居 LiPAN 状态监测过程检测和维护邻居 LiPAN 信息。邻居 LiPAN 状态监测过程所获取的信息可用于 LiPAN 维护、干扰协调、切换等过程。协调器和 LiPAN 设备都需要参与邻居 LiPAN 状态监测过程，并将监测到的邻居 LiPAN 信息以邻居网络描述符的形式记录保存。协调器和每个

LiPAN 设备各自维护一个本地邻居网络描述符列表, 本地邻居网络描述符列表的维护通过接收邻居 LiPAN 的信标帧或其他物理帧来实现。协调器或 LiPAN 设备第一次接收到来自特定邻居 LiPAN 的信标帧或其他帧时, 在其维护的本地邻居网络描述符列表中新增一项对该邻居 LiPAN 的记录。本地邻居网络描述符列表中的每个记录均有一个 1 min 的老化时间。协调器或 LiPAN 设备每次接收到来自该记录所对应邻居 LiPAN 的信标帧或其他帧时, 则对该记录所对应的"最近一次检测时间"进行更新。如果自最近一次检测到某一个记录所对应的邻居 LiPAN 的信标帧或其他帧后, 在老化时间内再未检测到来自该记录所对应的邻居 LiPAN 的任何帧, 则该邻居 LiPAN 所对应的记录将从本地邻居网络描述符列表中删除。LiPAN 设备在如下任意事件之一发生后, 向协调器发送邻居 LiPAN 上报指示命令帧来上报自己的本地邻居网络描述符列表: ① LiPAN 设备第一次收到了来自某个邻居 LiPAN 的信标帧或其他帧; ② LiPAN 设备上次检测到某个邻居 LiPAN 后距现在已过去 1 min (老化时间) ; ③ LiPAN 设备收到了协调器的邻居 LiPAN 上报请求命令帧。

协调器在如下任意事件之一发生后, 更新其维护的本地邻居描述符列表。① 协调器第一次收到了来自某个邻居 LiPAN 的信标帧或其他帧; ② 协调器上次检测到某个邻居 LiPAN 后距现在已过去 1 min (老化时间) 。

协调器还维护一个全局邻居网络描述符列表。协调器通过综合自己的本地邻居网络描述符列表和其他 LiPAN 设备上报的本地邻居网络描述符列表来获取和维护全局邻居网络描述符列表。协调器收到了本 LiPAN 中的 LiPAN 设备上报的邻居 LiPAN 上报指示命令帧后对全局邻居描述符列表进行更新。协调器在自己的本地邻居网络描述符列表更新了之后也会对全局邻居网络描述符列表进行更新。如果上报某个邻居 LiPAN 信息的 LiPAN 设备已经解关联了, 则协调器也对全局邻居网络描述符列表进行更新, 协调器从该邻居 LiPAN 对应的记录中删除该设备相关信息。

5. *关联与解关联*

对于点对点拓扑的关联, LiPAN 设备在上电之后, 应支持被动扫描过程, 信道扫描的结果将用于选择一个合适的 LiPAN。如果在被动扫描过程中, LiPAN 设备无法检测到已存在的 LiPAN 或无法正确检测已存在的 LiPAN 的信标帧, 应在 $(0,t)$ 内任意选择一个时间 t_0, 在 $0 \sim t_0$ 之间应继续执行被动扫描过程。如果设备在

$0\sim t_0$ 之间检测到已存在的 LiPAN，应停止信道扫描，并与该 LiPAN 进行关联。如果设备在 $0\sim t_0$ 之间未检测到已存在的 LiPAN，设备应作为协调器，开始发送信标帧。在开始发送信标帧后的 t_1 时间内，协调器应拒绝所有的关联请求，并继续执行被动扫描过程。如果在 t_1 时间内，检测到已存在的 LiPAN，应停止发送信标帧并停止信道扫描，与该 LiPAN 进行关联；如果在 t_1 时间内，仍未检测到已存在的 LiPAN，该设备应正式成为协调器，可以允许接受 LiPAN 设备关联。在选择要关联的 LiPAN 之后，邻近高层应通过发送 MLME-ASSOCIATE.request，请求 MLME 将其 PHY 及 MAC 物理层个人区域网络信息库（Physical-Layer Personal-Area-Network Information Base，PIB）属性配置为关联所需的取值。当且仅当 macAssociationPermit 设置为真时，协调器可接受关联。LiPAN 设备可通过向协调器发送关联请求命令帧，请求与 LiPAN 关联。如果协调器的 macAssociationPermit 设置为假，协调器应拒绝收到的关联请求命令。在接收到关联请求命令帧后，协调器应确定是否接受该设备的关联请求，并在 100 ms 内答复关联响应命令帧，其中应指示是否接受关联请求。若协调器接受设备的关联请求，应在答复的关联响应命令帧中包含为该设备指定的短地址。如果 LiPAN 设备在 100 ms 内没有收到来自协调器的关联响应命令帧，应重发关联请求命令，最大可尝试重发次数为 3 次。关联过程中，用于承载关联请求命令帧、关联请求响应帧的 PPDU 及相应的 ACK 帧应采用最小调制带宽，并在 CAP 中发送。

对于星形拓扑的关联，LiPAN 设备在上电之后，应支持被动扫描过程，信道扫描的结果将用于选择一个合适的 LiPAN。在选择要关联的 LiPAN 之后，邻近高层应通过发送 MLME-ASSOCIATE.request，请求 MLME 将其 PHY 及 MAC PIB 属性配置为关联所需的取值。当且仅当 macAssociationPermit 设置为真时，协调器可接受关联。LiPAN 设备可通过向协调器发送关联请求命令帧，请求与 LiPAN 关联。如果协调器的 macAssociationPermit 设置为假，协调器应拒绝收到的关联请求命令。在接收到关联请求命令帧后，协调器应确定是否接受该 LiPAN 设备的关联请求，并在 100 ms 内答复关联响应命令帧，其中应指示是否接受关联请求。若协调器接受 LiPAN 设备的关联请求，应在答复的关联响应命令帧中包含为该 LiPAN 设备指定的短地址。如果 LiPAN 设备在 100 ms 内没有收到来自协调器的关联响应命令帧，应重发关联请求命令，最大可尝试重发次数为 3 次。关联过程中，用于承载关联请求命令帧、关联请求响应帧的 PPDU 及相应的 ACK 帧应采用最小调制带宽，并在 CAP 中发送。

对于协调拓扑的关联，LiPAN 设备在上电之后，应支持被动扫描过程，信道扫描的结果将用于选择一个合适的 LiPAN 进行关联。如果在被动扫描过程中，LiPAN 设备无法检测到已存在的 LiPAN 或无法正确检测已存在的 LiPAN 的信标帧，应发送附加信标请求命令，并在发送该附加信标请求命令帧后的 $T_{\text{coordscan}}$ 内，继续扫描信标帧或附加信标帧。若 LiPAN 设备在 $T_{\text{coordscan}}$ 仍无法检测到已存在 LiPAN 或无法正确检测已存在的 LiPAN 的信标帧及附加信标帧，可尝试重发附加信标请求命令帧。LiPAN 设备在被动扫描过程中或者在随后的 $T_{\text{coordscan}}$ 内检测到已存在的 LiPAN 的信标帧后应选择一个合适的 LiPAN 加入。在选择要关联的 LiPAN 之后，邻近高层应通过发送 MLME-ASSOCIATE.request，请求 MLME 将其 PHY 及 MAC PIB 属性配置为关联所需的取值。当且仅当 macAssociationPermit 设置为真时，协调器可接受关联。LiPAN 设备可通过向协调器发送关联请求命令帧，请求与 LiPAN 关联。如果协调器的 macAssociationPermit 设置为假，协调器应拒绝收到的关联请求命令。如果 LiPAN 设备在 100 ms 内没有收到来自协调器的关联响应命令帧，应重发关联请求命令，最大可尝试重发次数为 3 次。协调器收到附加信标请求命令帧后，应从下一个超帧起，在之后的 500 ms 内的每个超帧中，除了在 BP 中发送原信标帧外，开始发送附加信标帧。协调器应在 CFP 中分配 GTS 用于附加信标帧的发送。附加信标帧的内容应与本超帧 BP 中发送的信标帧内容保持一致。在协调器开始发送附加信标帧之后的 100 ms 内，若协调器收到来自同一 LiPAN 设备的另一附加信标请求命令帧，应在 CFP 中分配不同的 GTS 用于附加信标帧的发送；若协调器接收到 LiPAN 设备发送的关联请求命令帧，则与该 LiPAN 设备进行关联；若协调器没有收到任何设备发送的关联请求命令帧，则从 100 ms 之后的超帧开始，停止发送附加信标帧，仅发送原信标帧。在接收到关联请求命令帧后，协调器应确定是否接受该 LiPAN 设备的关联请求，并在 100 ms 内答复关联响应命令帧，其中应指示是否接受关联请求。若协调器接受设备的关联请求，应在答复的关联响应命令帧中包含为该设备指定的短地址。其中，如果接收到的关联请求命令帧指示该请求是基于检测到附加信标帧而发起的，协调器可推断当前 LiPAN 与一个或多个邻居 LiPAN 存在干扰，并可使用关联请求命令帧中携带的干扰信息执行干扰协调。如果接收到发送附加信标请求命令帧的 LiPAN 设备所发送的关联请求命令帧中指示该请求是基于检测到原信标而发起的，协调器可不执行干扰协调。关联过程中，用于承载关联请求命令帧、关联请求响应帧的 PPDU 及相应的 ACK 帧应采用最小带宽，并在 CAP 中发送。解关联流程由邻近高层通过向 MLME 发送 MLME-DISASSOCIATE.request 发起。当协调器决定让某个已关联设备离开 LiPAN 时，协调器应向该 LiPAN 设备发送解关联通知命令帧，LiPAN 设备应在接收到该解关联通知命令帧后的 100 ms 内，向协调器答复解关联响应命令帧。当某个已关联设备决定离开 LiPAN 时，该设备应向协调器发送解关联通知命令帧，协调器应在接收到该解关联通知命令帧后的 100 ms 内，向该设备答复解关联响应命令帧。

6. 确认和重传

邻近高层通过原语指示待传输的 MAC 帧是否需要确认。MAC 层在组 MAC 帧时根据需要恰当地设置帧控制字段的"确认请求"字段。对于不需要确认的 MAC 帧，MAC 帧中的帧控制字段的"确认请求"字段设置为"0"；对于需要确认的 MAC 帧，MAC 帧中的帧控制字段的"确认请求"字段设置为"1"。所有的命令帧都需要确认。所有广播发送的 MAC 帧不需要确认。如果 MAC 帧中帧控制字段的"确认请求"字段设置为"0"，接收方将不回复确认帧，发送设备总是认为 MAC 帧已发送成功。图 5-21 所示为无确认帧的数据成功传输流程。在这种情况下，发送的数据帧的帧控制字段的"确认请求"字段设置为"0"。

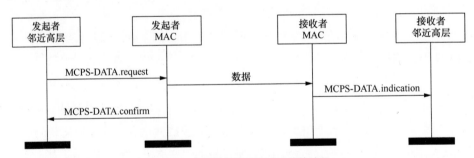

图 5-21　无确认帧的数据成功传输流程

如果 MAC 帧中的帧控制字段的"确认请求"字段设置为"1"，接收端就必须回复一个确认帧。接收端正确接收 MAC 帧后，生成并发送确认帧，且确认帧中包含的数据序列号与接收的 MAC 帧的数据序列号相同。图 5-22 所示为带确认帧的数据成功传输流程。在这种情况下，发送设备发送 MAC 帧时，将 MAC 帧中的帧控制字段的"确认请求"字段设置为"1"来要求接收设备回复确认帧。

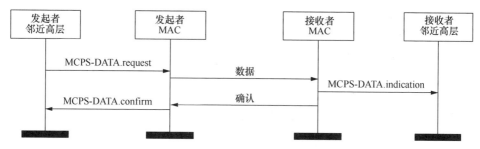

图 5-22　带确认帧的数据成功传输流程

当 LiPAN 设备发送的 MAC 帧的"确认请求"字段设置为"0"，它总是认为接收端能够成功接收，因此不会进行重传。当 LiPAN 设备发送的 MAC 帧中的帧控制字段的"确认请求"字段设置为"1"，就要等待相应的确认帧。如果在规定的最大时间内，即 macAckWaitDuration 个符号后收到确认帧，且数据序列号与所发送帧的数据序列号相同，发送设备判定发送成功；如果规定时间内没有接收到确认帧，或是确认帧的数据序列号和发送帧的数据序列号不相同，LiPAN设备判定此次发送失败。若 LiPAN 设备发送 MAC 帧失败，则 LiPAN 设备就会重传该帧，并等待相应的确认帧，直到达到最大重复次数 macMaxFrameRetries。其中，重传的帧和第一次发送的帧具有相同的数据序列号，而且，重传只能在超帧中的同一阶段进行，即第一次传输若是在 CAP 期间，重传也只能在该阶段进行。而如果此时没有足够的时间，重传推迟到下一超帧。当重传次数达到macMaxFrameRetries 后仍未收到确认帧，MAC 就判定此次发送失败，并将这一信息报告给邻近高层。

7．带宽管理

协调器应通过分配 GTS，将超帧的一部分指定给协调器自身或某一个 LiPAN设备专用。协调器可在一个超帧中分配一个或多个 GTS，一个 GTS 可以包含一个或多个超帧时隙。协调器应通过信标帧下发 GTS 的调度。协调器可通过与某一已关联设备间建立一个或多个服务流实现带宽的管理，服务流可以为下行或上行。为某一服务流已分配的 GTS 应满足该服务流所关联的业务规范（Traffic Specification，TSpec）的 QoS 限制，其中，TSpec 描述了某个特定服务流的参数特性及期望的 QoS。服务流可由协调器或某一已关联设备发起或终止。协调器可根据服务流业务需求的变化对带宽资源的分配进行调整。

8. 全双工传输

若协调器下行使用可见光波段，上行使用红外波段，则协调器应支持全双工传输。协调器可支持图 5-23（a）所示的 LiPAN 设备之间的对称全双工传输，也可支持图 5-23（b）所示的 3 个 LiPAN 设备之间的非对称全双工传输。对称全双工传输中，协调器向 LiPAN 设备发送下行数据的同时，也接收来自 LiPAN 设备的上行数据。非对称全双工传输中，协调器向第一接收设备发送下行数据的同时，接收来自第二发送设备的上行数据。

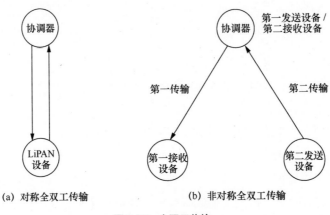

(a) 对称全双工传输　　　　(b) 非对称全双工传输

图 5-23　全双工传输

全双工传输中包括第一传输和第二传输。第一传输为先开始进行传输的两个设备之间的传输，第一传输的发送端为第一发送设备，第一传输的接收端为第一接收设备。第二传输为后建立传输的两个设备之间的传输，第二传输的发送端为第二发送设备，第二传输的接收端为第二接收设备。在图 5-23（b）中设协调器先开始与第一接收设备之间的下行传输为第一传输，第二发送设备与协调器之间的上行传输为第二传输，协调器既为第一发送设备，也为第二接收设备。对称全双工传输的第一传输和第二传输可以一起建立，也可以先建立第一传输再建立第二传输。全双工传输的上行传输既可以是基于无竞争的传输，也可以是基于竞争的传输。无竞争的全双工传输是指上下行传输均为无竞争的全双工传输，基于竞争的全双工传输是指上行传输为基于竞争的传输的全双工传输。

协调器可根据设备的全双工能力、LiPAN 带宽资源情况、业务情况确定分配一个或多个 GTS 用于无竞争全双工传输。协调器应在 GTS 描述符中指示该 GTS

用于全双工传输，并指示全双工类型。对于非对称全双工，协调器应在 GTS 描述符中包含接收和发送设备的信息。全双工 GTS 中，当协调器与 LiPAN 设备有数据帧要发送时，协调器与设备应同时开始发送。协调器可指示全双工传输是否需要确认。对于需要确认的对称全双工传输，LiPAN 设备与协调器可通过检测对方发送的帧长，确定 ACK 帧发送的时间，协调器和 LiPAN 设备应同时发送确认帧。对于需要确认的非对称全双工传输，协调器在发送的数据帧中，应指示第一接收设备在接收到协调器向第二发送设备发送的 ACK 帧后，向协调器发送确认帧。当协调器向第一接收设备发送数据帧而第二发送设备没有向协调器发送数据帧时，协调器应在发送完每个数据帧后，发送 ACK 帧，其中不包含任何确认信息，仅用于指示第一接收设备向协调器发送 ACK 帧。当协调器和第二发送设备均发送数据帧时，若协调器发送的帧的结束时刻晚于第二发送设备发送的帧，协调器应在发送完其数据帧之后向第二发送设备发送 ACK 帧，第一接收设备在接收到协调器发送的 ACK 帧后，向协调器发送 ACK 帧；若协调器发送的帧的结束时刻早于第二发送设备发送的帧，协调器应等待第二发送设备发送的帧结束之后，向第二发送设备发送 ACK 帧，第一接收设备在接收到协调器发送的 ACK 帧后，向协调器发送 ACK 帧。

　　基于竞争的全双工传输先建立下行传输后再建立上行传输，下行传输为协调器与第一接收设备之间的无竞争传输，无竞争的第一传输可以通过半双工传输中建立流的过程来建立。上行传输为多个有上行传输需求的第二发送设备在上行信道上的竞争传输，协调器应通过 CFP 描述符指示允许在上行信道竞争传输的第二发送设备，第二发送设备应按照本节所述过程建立第二传输。第二发送设备只有在向协调器成功发送一个接入请求后，才能向协调器发送上行数据帧。第二发送设备发送接入请求过程是基于竞争的，因此可能会出现冲突。如果第二发送设备发送接入请求的过程发生冲突，则第二发送设备进入冲突分解队列（Collision Resolution Queue，CRQ）进行排队以等待重新发送接入请求。当接入请求成功发送之后，第二发送设备进入数据传输队列（Data Transmission Queue，DTQ）进行排队以等待被协调器调度无竞争发送上行数据帧。第二传输的建立与 CRQ 和 DTQ 的管理维护应同步进行。CRQ 用于维护和管理竞争发送接入请求过程中产生的冲突，DTQ 用于管理无竞争发送上行数据帧的过程。第二发送设备和协调器应进行 CRQ 和 DTQ 的管理与维护。CRQ 和 DTQ 均需要每一个第二发送设备和协调器用以下两个计数器来维护。① 队列长度计数器。分解队列（Resolution Queue，RQ）计数器用于指示 CRQ 的队列长度，传输队列（Transmission Queue，TQ）计数器用于指示 DTQ 的队列长度。② 队列位置计数器。RQ 位置计数器用于指示第二发送设备在 CRQ 中所处的排队位置，TQ 位置计数器用于指示第二发送设备在 DTQ 中所处的排队位置。协调器不维护自己的 RQ 位置计数器和 TQ 位置计数器，但协调器应维护每一个第二发送设备的 RQ 位置计数器和 TQ 位置计数器。第二发送设备和协调器在全双工 GTS 开始后初始化各自的 RQ 计数器、TQ 计数器、RQ 位置计数器和 TQ 位置计数器。第二发送设备进入 CRQ 或 DTQ 之后按照先到先服务的原则进行排队，并根据协调器发送的全双工指示信息和全双工反馈信息跟踪和更新各自维护的 RQ 计数器、TQ 计数器、RQ 位置计数器和 TQ 位置计数器。基于竞争的全双工传输如图 5-24 所示，协调器每次向第一接收设备发送一个下行数据帧时，上行信道上对应时间段内存在一个第二传输窗（Second Transmission Window，STW），STW 的起始时间位于下行传输开始 T_0 之后，结束时间由全双工指示信息中的"传输结束时间"所指示。一个 STW 进一步划分为一个（或零个）接入信道和一个传输信道。接入信道包括 3 个等长的接入时隙，第二发送设备在接入时隙上向协调器发送接入请求。传输信道包括一个传输时隙，第二发送设备在传输时隙上向协调器发送上行数据帧。如果 STW 内包括接入信道，则传输信道在接入信道结束后开始。如果 STW 内不包括接入信道，则传输信道在下行传输开始 T_0 之后开始。传输信道的长度可变，但协调器应确保全双工指示信息中所指示的"传输结束时间"不晚于协调器发送的下行数据帧的传输结束时间。

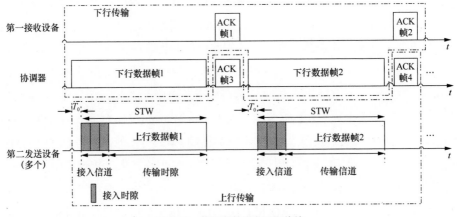

图 5-24　基于竞争的全双工传输

第二发送设备需要通过检测协调器发送的下行数据帧帧头来追踪 STW 的起始。下行传输开始 T_0 后，第二发送设备应能检测到 STW 的开始，并解析出协调器发送的下行数据帧帧头中携带的全双工指示信息。全双工指示信息具体包括：① 传输结束时间，指示第二发送设备向协调器发送上行数据帧的最晚结束时间，传输结束时间不能晚于协调器向第一发送设备发送下行数据帧的传输结束时间；② 上行信道配置，指示上行信道是否包括接入信道，即接入时隙的个数为 0 还是为 3；③ CRQ 为空指示符，指示允许在接入时隙上向协调器发送接入请求的第二发送设备；④ 传输设备 ID，指示在传输信道上向协调器发送上行数据帧的第二发送设备的设备 ID。第二发送设备应根据检测到的全双工指示信息，在接入信道上向协调器发送接入请求和在传输信道上向协调器发送上行数据帧。如果全双工指示信息中的"上行信道配置"字段指示第二传输窗中存在接入信道（包含 3 个接入时隙），则允许发送接入请求的第二发送设备在接入信道上向协调器发送接入请求。如果全双工指示信息中的"CRQ 为空指示符"字段指示 CRQ 为空，则除在DTQ 中的第二发送设备之外的其他第二发送设备都允许向协调器发送接入请求。允许发送接入请求且有上行传输需求的第二发送设备在 3 个接入时隙中随机选择一个接入时隙，并在所选择的接入时隙上向协调器发送接入请求。如果全双工指示信息中的"CRQ 为空指示符"字段指示 CRQ 不为空，则仅处于 CRQ 队首排队的第二发送设备允许向协调器发送接入请求。允许发送接入请求的第二发送设备在 3 个接入时隙中随机选择一个接入时隙，并在所选择的接入时隙上向协调器发送接入请求，在 CRQ 中其他位置排队的第二发送设备将自己的 RQ 位置计数器减一。如果全双工指示信息中的"上行信道配置"字段指示第二传输窗中不存在接入信道（包含 0 个接入时隙），则第二传输窗中不包括接入信道，第二发送节点在此第二传输窗中不能向协调器发送接入请求。

协调器应能确定出接入信道上各个接入时隙的状态。根据各个接入时隙中发送接入请求的第二发送节点个数的不同，接入信道上的每个接入时隙有 3 种不同的状态。如果有且仅有一个第二发送设备在该接入时隙上发送接入请求，则该接入时隙的状态为"成功"；如果至少有两个第二发送设备在该接入时隙上发送接入请求，则该接入时隙的状态为"冲突"；如果没有第二发送设备在该接入时隙上发送接入请求，则该接入时隙的状态为"空闲"。当传输信道开始后，由全双工指示信息中的"传输设备 ID"字段所指示的第二发送设备在传输信道上向协调器发送上行数据帧，并在全双工指示信息中的"传输结束时间"字段所指示的时间之前结束传输。在 DTQ 中排队但不是"传输设备 ID"字段所指示的第二发送设备将自己的 TQ 位置计数器减一。当下行数据帧传输结束并经过一个应答帧间隔后，当第一接收设备向协调器发送 ACK 帧时，协调器也向第二发送设备发送一个 ACK 帧。协调器发送的 ACK 帧帧头中的"全双工指示符"字段设置为"1"以指示帧头中携带有全双工反馈信息，全双工反馈信息向第二发送设备指示接入信道上发送的接入请求的发送状态和传输信道上发送的上行物理帧的发送状态。第二发送设备根据全双工反馈信息更新各自维护的 RQ 计数器、TQ 计数器、RQ 位置计数器和 TQ 位置计数器。每个第二发送设备将 RQ 计数器设置为全双工反馈信息中"CRQ 长度"字段所指示的取值，将 TQ 计数器设置为全双工反馈信息中"DTQ 长度"字段所指示的取值。如果全双工反馈信息的"接入时隙状态"字段指示有 M（$0 \leqslant M \leqslant 3$）个接入时隙的状态为"成功"，有 N（$0 \leqslant N \leqslant 3$）个接入时隙的状态为"冲突"，有 K（$0 \leqslant K \leqslant 3$）个接入时隙的状态为"空闲"，那么每一个在当前传输窗中发送过确认请求的第二发送设备根据以下规则更新自己的 RQ 位置计数器和 TQ 位置计数器。如果第二发送设备向协调器发送接入请求的接入时隙为 M 个状态为"成功"的接入时隙中的第 i 个，则该第二发送设备将自己的 TQ 位置计数器更新为 "DTQ 长度" $M + i$。如果第二发送设备向协调器发送接入请求的接入时隙为 N 个状态为"冲突"的接入时隙中的第 j 个，则该第二发送设备将自己的 RQ 位置计数器更新为"CRQ 长度" $N + j$，在同一个接入时隙发送接入请求且发生了冲突的第二发送设备的 RQ 位置计数器取值相同。上述过程在全双工 GTS 内的每一个第二传输窗中重复进行，直到全双工 GTS 结束。在一个全双工 GTS 内协调器可能向第一接收设备发送多个下行数据帧，因此上行信道可能会有多个 STW。协调器应保证最后一个 STW 以及与之相对应的包含有全双工反馈信息的 ACK 帧的传输在全双工 GTS 结束之前结束传输。

9. 移动性支持与切换

当 LiPAN 设备从一个 LiPAN 的覆盖范围移动到另一个 LiPAN 的覆盖范围内时，由于链路质量的变化，LiPAN 设备可能需要进行切换。

同一全局控制器管理及协调的多个协调拓扑 LiPAN 的协调器应组成一簇。同一簇中的各个协调器应从全局控制器获取本簇中的各个协调器的信息，并通过信标下发给本 LiPAN 中的各个设备。LiPAN 设备根据邻居 LiPAN 状态监测过程所检测到的信息判断是否需要进行切换以及切换的目标 LiPAN。目标 LiPAN 应与当前 LiPAN 处于同一簇中。如果 LiPAN 设备决定发起切换，应发送一个重关联请求命令帧给目标网络的协调器。目标协调器在接收到重关联请求命令帧之后，应决定是否接受该设备的重关联请求，并且发送一个重关联响应命令帧给设备。当簇中的 LiPAN 工作在安全模式时，如果目标协调器返回的重关联响应命令中指示"接受"，LiPAN 设备应获取目标 LiPAN 协调器为其分配的带宽资源，并应进入"过渡状态"，使用目标协调器分配的带宽资源，与目标协调器进行通信，"过渡状态"中与目标协调器传输的帧应使用簇公共密钥加密。LiPAN 设备在进入"过渡状态"后的待定时间（单位为秒）后，如果仍处于目标协调器的覆盖范围，且不需要再次进行切换应与目标 LiPAN 进行认证。LiPAN 设备在进入"过渡状态"的待定时间内，可能由于移动，再次向另一个目标 LiPAN 发起切换，应按照本条流程执行。如果目标协调器返回的重关联响应命令中指示"拒绝"，则设备认为切换失败，并且通知临近高层。设备可以重新选择一个目标协调器发起切换过程。当簇中的 LiPAN 工作在非安全模式时，如果目标协调器返回的重关联响应命令中指示"接收"，设备应获取目标 LiPAN 协调器为其分配的带宽资源并使用目标协调器分配的带宽资源，与目标协调器进行通信。

10. **对照明需求的支持**

LED 灯除用于 VLC 收发机外，最主要功能是照明，因此 LED 灯还需要满足各种照明要求，比如支持调光、避免出现人眼可察觉的闪烁等。来自高层的调光需求会通过设置 PHY 的 PIB 属性 phyDim 来进行指示。

LED 灯处于空闲状态时，可以通过发送空闲图样或者插入补偿时间的方式来进行调光。当使用空闲图样进行调光时，平均亮度满足调光水平的带内或带外的空闲图样被插入到所发送的相邻两个帧之间的空闲处，从而使得 LED 灯无论在有数据发送时还是没有数据发送时，其对外呈现的平均亮度均满足调光需求。协调器发送的空闲图样可指示上行信道状态的忙闲状态。本章定义两种空闲图样：空闲图样 1 用于指示上行信道状态空闲，空闲图样 2 用于指示上行信道状态为忙。协调器确定了上行信道状态后，根据上行信道状态生成对应的空闲图样。如果上行信道状态为空闲，则协调器生成并发送空闲图样 1。如果上行信道状态为忙，则协调器生成并发送空闲图样 2。协调器向 LiPAN 设备发送生成的空闲图样，LiPAN 设备根据收到的空闲图样的不同，确定上行信道状态忙闲并决定是否参与上行信道竞争。当使用补偿时间进行调光时，在帧内或者空闲图样中插入持续一定时间的高电平或低电平，从而使得空闲图样或者数据帧的平均亮度满足调光需求。

LiPAN 设备进行数据传输时，LiPAN 设备的 MAC 层可在业务数据中插入补偿帧进行调光。LiPAN 设备的 MAC 层分割 MAC 数据服务单元为更小的数据服务单元，并将分割后的数据服务单元分别封装到各自独立的 MAC 协议数据单元中，为各协议数据单元生成调节光源亮度的补偿帧，并将协议数据单元与补偿帧聚合为 PHY 数据单元进行传输，以实现调光功能。在某些调光水平下，不要求协调器在任何调光水平下均能保持通信不中断，LiPAN 设备可能因为无法保证可见光通信而离开 LiPAN。

闪烁避免可以分为帧间闪烁避免和帧内闪烁避免两种。帧间闪烁避免是指要消除所发送的相邻两个数据帧之间可能出现的闪烁，而帧内闪烁避免是指需要消除一个数据帧传输期间的闪烁。帧内闪烁避免机制跟 PHY 所采用的编码和调制方案密切相关。当 LED 灯处于接收状态或者空闲状态时，都需要采用帧间闪烁避免机制。帧间闪烁避免机制的具体方案就是让 LED 灯发送空闲图样。LED 灯所发送的空闲图样的平均亮度和 LED 灯发送数据时的平均亮度需保持一致。

5.3.2 MAC 帧格式

1. 字节序

对于具有多个字节的域，传输时为低字节在前，高字节在后。对于每个字节，传输时为低位在前，高位在后。

2. MAC 帧格式

MAC 帧的格式应由媒体访问控制头（Media-Access-Control Header，MHR）、媒体访问控制服务数据单元（Media-Access-Control Service Data Unit，MSDU）和媒体访问控制尾（Media-Access-Control Footer，MFR）共 3 部分组成，其一般格式如图 5-25 所示。

16 bit	1 bit	0/2 bit	0/2/8 bit	0/2 bit	0/2/8 bit	0/5/6/10/14 bit	0 bit/可变	可变	2 bit
帧控制	序列号	目的 LiPAN ID	目的地址	源 LiPAN ID	源地址	辅助安全报头	保留	帧载荷	FCS
		地址域							
帧头								帧载荷	帧尾

图 5-25 MAC 帧一般格式

帧控制域长度为 2 个八比特组，具体格式如图 5-26 所示。

0～1 bit	2～5 bit	6 bit	7 bit	8～10 bit	11 bit	12～13 bit	14～15 bit
帧版本	帧类型	全双工指示符	安全使能	保留	确认请求	目的寻址模式	源寻址模式

图 5-26　MAC 帧控制域格式

"帧版本"字段规定该帧的版本号，长度为 2 bit。"帧类型"字段的取值应设置为表 5-10 中的 1 个非保留值。

表 5-10　"帧类型"字段取值

帧类别值 $b_2b_1b_0$	描述
000	信标
001	数据
010	ACK
011	命令
100	保留
101	控制
110～111	保留

"全双工指示符"字段指示数据帧帧头中是否包括全双工指示信息，ACK 帧帧头中是否包括全双工反馈信息以及指示 RTS 帧是否为基于竞争的全双工传输的接入请求。当数据帧帧头中的"全双工指示符"字段被设置为 1 时，数据帧帧头中包括全双工指示信息。当 ACK 帧帧头中的"全双工指示符"字段被设置为 1 时，ACK 帧帧头中包括全双工反馈信息。当 RTS 帧帧头中的"全双工指示符"字段被设置为 1 时，RTS 帧为基于竞争的全双工传输时的接入请求。

"安全使能"字段的长度为 1 bit，当该帧受 MAC 层保护时应设置为 1，否则设置为 0。仅当"安全使能"字段设置为 1 时，MHR 中的辅助安全报头域才存在。

"确认请求"字段指示接收端在收到 MAC 帧后是否需要向发射端发送确认帧。如果"确认请求"字段设置为"0"，则接收端收到该 MAC 帧后不需要向发射端发送确认帧。如果"确认请求"字段设置为"1"，则接收端收到该 MAC 帧后需要向发射端发送确认帧。

"目的寻址模式"字段应设置为表 5-11 中的一个非保留值。如果"目的寻址模式"字段取值为"00"，且帧类型中指示该帧不是 ACK 帧或信标帧，"源寻址模式"字段应设置为非零值，指示该帧是发送给源 LiPAN ID 所指示的 LiPAN 的协调器。如果"目的寻址模式"字段取值为"01"，"源寻址模式"字段应设置为"01"，指示该帧为广播帧，该帧中不包含源地址或目的地址。

"源寻址模式"字段应设置为表 5-11 中的一个非保留值。如果"源寻址模式"字段取值为"00"，且帧类型中指示该帧不是 ACK 帧，"源寻址模式"字段应设置为非零值，指示该帧是来自"目的 LiPAN ID"字段指示的 LiPAN 的协调器。如果"源寻址模式"字段取值为"01"，指示该帧为广播帧，该帧中不含源地址或目的地址。

表 5-11 "目的寻址模式"和"源寻址模式"字段的可能取值

帧类别值 b_1b_0	描述
00	LiPAN ID 及地址域不存在
01	没有地址域（广播模式，地址域不存在）。全 1 的 16 bit 或 64 bit 地址定义为广播
10	地址域包含 16 bit 的短地址
11	地址域包含 64 bit 的扩展地址

"序列号"字段的长度为 1 个八比特组，规定了帧的序列标识符。对于信标帧，"序列号"字段应规定为信标序列号（Beacon Serial Number，BSN）。对于数据帧、ACK 帧、控制帧或者 MAC 命令帧，"序列号"字段应规定为数据帧、ACK 帧、控制帧或 MAC 命令帧的序列号。"目的 LiPAN ID"字段，若存在，长度为 2 个八比特组，规定了帧的预期接收者的唯一的 LiPAN ID。目的 LiPAN ID 设置为 0xffff 时表示广播 LiPAN ID，所有侦听信道的设备都应认为是有效的 LiPAN ID。该字段仅在帧控制域的目的寻址模式字段设置为"10"或"01"时存在。"目的地址"字段，若存在，根据帧控制域中的目的寻址模式字段的取值，长度为 1 个或 8 个八比特组，规定了帧的预期接收者的地址。0xffff 应用于标识广播短地址。"目的地址"字段仅当帧控制域中目的寻址模式字段为非零值时存在。"源 LiPAN ID"字段，仅当目的寻址模式字段设置为非零值时存在，长度为 2 个八比特组，规定了帧发送方的唯一的 LiPAN ID。"源地址"字段，若存在，根据帧控制域中的源寻址模式字段的取值，长度为 1 个或 8 个八比特组，规定了帧的发送方的地址。当且仅当源寻址模式字段设置为"10"或"11"时，源地址域存在。"辅助安全报头"字段长度可变，仅当安全使能字段设置为"1"时才存在，规定了安全处理

所需的信息。"帧载荷"字段的长度根据不同帧类型及不同的帧变化。如果帧控制域中的"安全使能"字段设置为"1",帧载荷应使用所选的安全方案加密。FCS长度应为 2 个八比特组,FCS 应计算帧的 MHR 和 MSDU 部分,仅当载荷长度不为 0 时生成。

3. 信标帧格式

信标帧格式如图 5-27 所示。

16 bit	1 bit	2 bit	2/8 bit	0 bit/可变	0 bit/可变	3 bit	0/1 bit	0 bit/可变	0 bit/可变	0 bit/可变	0 bit/可变	2 bit
帧控制	序列号	LiPAN ID	源地址	辅助安全报头	保留	超帧规范	BP描述符	CAP描述符	CFP描述符	LiPAN参数更新控制	信标帧载荷	FCS
		地址域										
MHR						MSDU						MFR

图 5-27   信标帧格式

信标帧的 MHR 应包含帧控制、序列号、地址域、辅助安全报头等。帧控制域中,帧类型应设置为 000,指示该帧为信标帧。序列号域应当包含当前 macBSN 的值。地址域仅包含 LiPAN ID 和源地址,不包含目的地址。LiPAN ID 域应设置为发送信标的协调器所在 LiPAN 的 LiPAN ID。

超帧规范域的格式按照图 5-28 设置。

0~3 bit	4~7 bit	8~10 bit	11 bit	12 bit	13 bit	14~23 bit
信标阶数	超帧阶数	LiPAN 模式	信标类型	允许关联指示	CFP 存在指示	保留

图 5-28   超帧规范域格式

信标阶数字段规定协调器周期性发送信标帧的时间间隔,信标间隔与信标阶数的关系为:当 $0 \leqslant$ 信标阶数 $\leqslant 14$ 时,信标间隔=超帧的基本间隔时间×$2^{信标阶数}$ 个时钟符号。如果信标阶数等于 15,则协调器仅在收到信标请求命令帧后才会发送信标。超帧阶数字段规定超帧中活跃期的长度。超帧活跃期长度与超帧阶数的关系为:当 $0 \leqslant$ 超帧阶数 $\leqslant$ 信标阶数 $\leqslant 14$ 时,超帧活跃期长度= 超帧的基本间隔时间×$2^{超帧阶数}$ 个时钟符号。如果信标阶数等于 15,则超帧结构不存在。LiPAN 模式规定了 LiPAN 的拓扑模式,应设置为表 5-12 中的一个非保留值。

表 5-12　LiPAN 模式字段的有效取值

LiPAN 模式 $b_2b_1b_0$	描述
000	点对点模式
001	星形模式
010	协调模式
011	广播模式
100～111	保留

信标类型字段设置为 0 时，用于指示信标帧为在每个超帧 BP 中周期性常规发送的信标帧，也称为原信标；设置为 1 时，指示信标帧为在 CFP 的 GTS 中发送的附加信标。当协调器接受新设备的关联时，允许关联指示字段应设置为 1；当协调器不接受新设备的关联时，允许关联字段应设置为 0。CFP 存在指示字段用于指示本超帧是否分配了 CFP，设置为 0 时，本超帧没有分配 CFP，本信标帧中也不包含 CFP 描述符域；设置为 1 时，本超帧中包含 CFP，本信标中也包含 CFP 描述符域。

BP 描述符仅当 LiPAN 模式设置为 010，即 LiPAN 工作于协调模式时存在。BP 描述符域的格式如图 5-29 所示。信标时隙数字段应包含超帧的 BP 所包含的信标时隙数。使用的信标时隙字段应指示本 LiPAN 占用的是第几个信标时隙。

0～3 bit	4～7 bit
信标时隙数	使用的信标时隙

图 5-29　BP 描述符域格式

CAP 描述符域的格式如图 5-30 所示。

8 bit	1 bit	…	N bit
划分区域数	区域 1 描述符	…	区域 N 描述符

图 5-30　CAP 描述符域格式

划分区域数字段应指示协调器划分本超帧中的 CAP 的区域数。区域 i 描述符字段描述了每个区域的参数及属性，具体格式如图 5-31 所示。结束时间字段指示区域 i 的结束时间。传输带宽字段指示该区域允许使用的传输带宽，应设置为表 5-13 中的一个非保留值。RTS/CTS 指示字段应用于指示区域 i 中，是否使用 RTS/CTS。当 RTS/CTS 指示字段设置为 0 时，区域 i 中的传输不使用 RTS/CTS；

设置为 1 时，区域 *i* 中的传输应使用 RTS/CTS。当传输带宽字段设置为 000 时，RTS/CTS 指示字段应设置为 1，指示应使用 RTS/CTS。

0~7 bit	8~11 bit	12 bit	13~15 bit
结束时间	传输带宽	RTS/CTS 指示	保留

图 5-31　区域 *i* 描述符字段格式

表 5-13　传输带宽的有效取值

传输带宽 $b_2b_1b_0$	描述
000	全部带宽
001~111	保留

仅当超帧规范域中的 CFP 存在指示字段设置为 1 时，CFP 描述符域存在。CFP 描述符域的具体格式如图 5-32 所示。

4 bit	16 bit	⋯	4 bit
划分 GTS 数	GTS1 描述符	⋯	GTS*N* 描述符

图 5-32　CFP 描述符域的具体格式

划分 GTS 数字段指示 CFP 中划分的 GTS 的总个数。GTS[*i*] 描述符字段格式如图 5-33 所示。

0~7 bit	8~15 bit	16 bit	0/17~32 bit	33~36 bit	可变
起始时间	结束时间	全双工 GTS 指示符	设备 ID	竞争设备个数	竞争设备列表

图 5-33　GTS[*i*] 描述符字段格式

起始时间字段指示第 *i* 个 GTS 的起始时间相对于当前超帧的起始时间的偏移量，单位是 200 μs。结束时间字段指示第 *i* 个 GTS 的结束时间相对于当前超帧的起始时间的偏移量，单位是 200 μs。全双工 GTS 指示符字段指示 GTS 是用于半双工传输还是全双工传输。当全双工 GTS 指示符字段取值为 0 时，GTS 用于半双工传输。当全双工 GTS 指示符字段取值为 1 时，GTS 用于全双工传输。设备 ID 字段指示协调器调度的 GTS 内进行无竞争传输的设备 ID。设备 ID 字段仅当全双工 GTS 指示符取值为 0 时才存在。若全双工 GTS 指示符取值为 1，则 GTS 描述符中无设备 ID 字段。竞争设备个数和竞争设备列表两个字段只有在全双工 GTS 指示符取值为 1 时才存在。竞争设备个数指示在全双工 GTS 内进行基于竞争的全双工传输时允许在上行信道进行竞争传输的设备个数。竞争设备列表指示在全双工 GTS 内进行基于竞争的全双工传输时允许在上行信道进行竞争传输的所有设备的 ID。LiPAN 参数更新控制域具体格式如图 5-34 所示。

8 bit	16 bit	4 bit
参数更新指示	参数更新序列号	参数更新倒计时

图 5-34　LiPAN 参数更新控制域具体格式

　　如果 LiPAN 因 LiPAN ID 冲突或者其他原因需要执行 LiPAN 重对齐过程，则协调器需要对 LiPAN 的配置参数（比如，LiPAN ID、超帧的起始时间等）进行更新。LiPAN 参数更新控制域指示了需要更新的参数种类以及参数生效时间。参数更新指示域采用位图指示的方式指示哪些参数发生了更新，参数更新指示域格式如图 5-35 所示，每一位指示其中的一个参数。如果该参数对应的位设置为"1"，则该参数发生了更新。如果该参数对应的位设置为"0"，则该参数没有发生更新。参数更新序列号域指示参数更新的序号，初始值为 0。每次图 5-35 中所示的参数发生了更新，协调器就将序列号取值加 1。设备收到了指示 LiPAN 参数发生了改变的信标后，检查信标中的参数更新序列号与自己本地保存的参数更新序列号是否一致，如果两者不一致，则 LiPAN 设备可以向协调器请求该参数更新后的取值，具体见 LiPAN 重对齐过程。

b_0	b_1	b_2	b_3	$b_4 \sim b_7$
LiPAN ID	协调器短地址	超帧起始时间	超帧时长	保留

图 5-35　参数更新指示域格式

　　当倒计时计数字段为 0 时，指示 LiPAN 参数更新控制域中包含的参数在当前超帧开始生效；当倒计时计数字段取值不为 0 时，应在下一个超帧发送的信标中将取值减 1，直至为 0。

　　信标帧载荷域为可选的，其长度最大为 aMaxBeaconPayLoadLength，承载临近高层需要在信标帧中传输的信息，应设置为 macBeaconPayload 的内容。

4. 数据帧格式

数据帧格式如图 5-36 所示。

16 bit	8 bit	0/40/48/80/112 bit	0/40/48/80/112 bit	0 bit/可变	0/8 bit	0/1 bit	0/1 bit	0/16 bit	可变	16 bit
帧控制	序列号	地址域	辅助安全报头	保留	传输结束时间	上行信道配置	CRQ 为空指示符	传输设备 ID	数据载荷	FCS
MHR									MSDU	MFR

图 5-36　数据帧格式

数据帧的 MHR 应包含帧控制、序列号、地址域、辅助安全报头等。帧控制域中，帧类型应设置为 001，指示该帧为数据帧。在基于竞争的全双工传输中，协调器发送给第一接收设备的数据帧帧控制中的"全双工指示符"字段应设置为 1，以指示数据帧帧头中包括全双工指示信息。序列号域应当包含当前 MAC 数据序列号的值。传输结束时间字段仅当帧控制中的"全双工指示符"字段设置为 1 时才存在。传输结束时间字段指示第二发送设备向协调器发送上行数据帧的传输结束时间。传输结束时间以相对于传输信道开始的偏移量为单位表示的，单位是 200 μs。上行信道配置字段仅当帧控制中的"全双工指示符"字段设置为 1 时才存在。上行信道配置字段指示上行信道中是否包括接入信道，即接入时隙个数为 0 还是 3。传输设备 ID 字段仅当帧控制中的"全双工指示符"字段设置为 1 时才存在。传输设备 ID 指示在传输信道上发送上行数据帧的第二发送设备的设备 ID。

5. ACK 帧格式

ACK 帧格式如图 5-37 所示。

16 bit	8 bit	0/40/48/80/112 bit	0/40/48/80/112 bit	0 bit/可变	0/4 bit	0/4 bit	0/6 bit	可变	2 bit
帧控制	序列号	地址域	辅助安全报头	保留	CRQ 长度	DTQ 长度	接入时隙状态	数据载荷	FCS
MHR								MSDU	MFR

图 5-37　ACK 帧格式

ACK 帧的 MHR 应包含帧控制、序列号、地址域、辅助安全报头等。帧控制域中，帧类型应设置为 010，指示该帧为 ACK 帧。在基于竞争的全双工传输中，协调器发送给第二发送设备的 ACK 帧帧控制中的"全双工指示符"字段应被设置为 1，以指示 ACK 帧帧头中包括全双工反馈信息。序列号域应与本 ACK 帧所确认的 MAC 帧的序列号对应一致。CRQ 长度字段仅当帧控制中的"全双工指示符"字段应设置为 1 时才存在。CRQ 长度字段指示 CRQ 中待分解的冲突个数，一个待分解的冲突代表一个接入时隙中有至少两个第二发送设备发送了接入请求。DTQ 长度字段仅当帧控制中的"全双工指示符"字段应设置为 1 时才存在。DTQ 长度指示在 DTQ 中排队等待发送上行数据帧的第二发送设备的个数。接入时隙状态字段仅当帧控制中的"全双工指示符"字段应设置为 1 时才存在。接入时隙状态指示接入信道中的 3 个接入时隙的状态，6 bit 中每 2 bit 指示一个接入时隙的状态，其中 b_5b_4 指示第一个接入时隙的状态，b_3b_2 指示第二个接入时隙的状态，b_1b_0 指示第三个接入时隙的状态。当取值为"00"时代表接入时隙状态为"空闲"，当取值为"01"时代表接入时隙状态为"成功"，当取值为"10"时代表接入时隙状态为"冲突"。

6. 命令帧格式

命令帧格式如图 5-38 所示。

16 bit	1 bit	0/5/6/10/14 bit	0/5/6/10/14 bit	0 bit/可变	1 bit	可变	2 bit
帧控制	序列号	地址域	辅助安全报头	保留	命令帧标识	命令帧载荷	FCS
MHR					MSDU		MFR

图 5-38　命令帧格式

命令帧的帧控制域中，帧类型应设置为 011，指示该帧为命令帧。命令帧标识域规定了命令帧的标识，不同命令帧的标识见表 5-14。每条命令帧应将其 MSDU 中的命令帧标识字段设置为表 5-14 中的一个非零值。

表 5-14　命令帧类型

命令帧标识	命令帧类型
0x01	关联请求
0x02	关联响应
0x03	解关联通知
0x04	解关联响应
0x05	重关联请求

（续表）

命令帧标识	命令帧类型
0x06	重关联响应
0x07	回程链路扫描请求
0x08	回程链路扫描响应
0x09	LiPAN ID 冲突指示
0x0a	邻居 LiPAN 上报请求
0x0b	邻居 LiPAN 上报指示
0x0c	协调器重对齐指示
0x0d	信标请求
0x0e	附加信标请求
0x0f～0xff	保留

7. 控制帧格式

控制帧包括 RTS 帧和 CTS 帧。控制帧格式如图 5-39 所示。

16 bit	1 bit	1 bit	8 bit	16 bit	16 bit	0/8 bit	16 bit
帧控制	控制帧标识	全双工指示符	持续时间	接收端地址 (Receiver Address, RA)	发送端地址 (Transmission Address, TA)	传输带宽	FCS
MHR							MFR

图 5-39　控制帧格式

帧控制域中，帧类型应设置为 101，指示该帧为控制帧。控制帧标识字段指示控制帧的具体种类是 RTS 帧还是 CTS 帧。当控制帧标识取值为 0 时，控制帧为 RTS 帧。当帧控制标识取值为 1 时，控制帧为 CTS 帧。在基于竞争的全双工传输中，第二发送设备发送给协调器的 RTS 帧帧头中的"全双工指示符"字段应被设置为 1，以指示 RTS 帧为基于竞争的全双工传输时的接入请求。

控制帧类型字段规定了该控制帧的类型，取值见表 5-15，应设置为该表中的一个非零值。

表 5-15　控制帧类型

控制帧类型标识	控制帧类型
0x01	RTS
0x02	CTS
0x03～0xff	保留

当命令帧类型为 RTS 帧时，持续时间以毫秒（ms）为单位，为发送随后待发送的数据帧或命令帧所需的时间加一个 CTS 帧的传输时间和一个 ACK 帧的传输时间（如需 ACK），再加 3 个短帧间间隔。RTS 帧中 RA 字段应设置为随后待发送的数据帧或命令帧的目的方的 64 bit 扩展地址。TA 字段应设置为发送该 RTS 帧的设备的 64 bit 扩展地址。传输带宽字段应设置为随后待发送的数据帧或命令帧的所使用带宽。当命令帧类型为 CTS 帧时，持续时间以毫秒（ms）为单位，为发送随后待发送的数据帧或命令帧所需的时间加一个 ACK 帧的传输时间（如需 ACK），再加两个短帧间间隔。RA 应设置为所响应的 RTS 帧的发送方 64 bit 扩展地址。TA 应设置为发送该 CTS 的协调器或设备的 64 bit 扩展地址。CTS 帧中不包含传输带宽字段。

5.4　安全

LiPAN 可工作于安全模式，提供安全机制。同一簇中的各个 LiPAN 应使用相同的密码。协调器要负责 LiPAN 的安全认证及密钥生成和管理。设备在成功与协调器关联后，应向协调器发起安全认证。在认证成功之后，设备可以获得与协调器通信所使用的加密密钥以及簇公共密钥。LiPAN 中设备与协调器通信所使用的加密密钥可以是相同的也可以是不同的。

5.4.1　认证

设备在成功关联后，应向协调器发送认证请求命令帧，协调器应在收到设备发送的认证请求命令帧后的 100 ms 内向该设备发送认证确认命令帧。设备根据收到的认证确认命令帧，应在 100 ms 内向协调器发送认证指示命令帧。协调器收到认证指示命令帧后，应在 100 ms 内向设备发送认证响应命令帧。

具体认证算法原则上采用与国家商用密码管理部门主管审批的密码算法配套的算法。当出现以下情况时，设备应认为认证失败。设备发送认证请求命令帧后，1 s 内没有收到认证确认命令帧；设备收到的认证请求命令帧中，指示认证失败；设备发送认证指示命令帧后，1 s 内没有收到认证响应命令帧；设备收到的认证响应命令帧中，指示认证失败；如果协调器在发送认证确认命令帧后的 1 s 后，没有收到设备发送的认证指示命令帧，协调器中止该次认证过程。

5.4.2 密钥管理

每个簇应维护一个簇公共密钥，全局控制器和簇中所有协调器的簇公共密钥相同，簇公共密钥的生成方式由厂商自定义。簇公共密钥用于设备在网络切换过程中能够保持加密通信。

设备应通过定期重新发起认证来更新与协调器通信所使用的加密密钥。簇公共密钥的更新方式由厂商自定义，协调器在获取更新后的簇公共密钥后，应通过发送密钥更新命令帧向设备发送更新后的簇公共密钥，密钥更新命令帧应加密传输。

5.5 本章小结

本章主要介绍了可见光通信的 PHY 和 MAC 层设计规范及功能要求，目前国际上已有若干可见光通信系统与网络的应用[1-2]。近年来，可见光通信技术也逐步和别的相关技术进行融合，以取得更好的效果[3]。未来随着关键技术的突破，相关标准将处于不断的动态演进中。本书前几章的研究成果有望更好地服务于后续的相关标准化工作。

参考文献

[1] 全国信息技术标准化技术委员会. 文献著录：第 2 部分 非书资料：GB/T 36628.2-2019[S]. 北京：中国标准出版社, 2020: 3.

[2] 全国信息技术标准化技术委员会. 文献著录：第 1 部分 非书资料：GB/T 36628.1-2018[S]. 北京：中国标准出版社, 2019: 4.

[3] 中国通信标准化协会. 非书资料：YD/T 3689-2020 [S]. 北京：中国标准出版社, 2020: 7.

第 6 章

可见光与电力线通信融合组网

　　物联网时代，"万物相联万物生"，依靠海量的智能传感器与设备，日夜不停地运转与感知，产生了更为海量的数据，结合最先进的人工智能、大数据和深度学习技术，给现代社会的智能制造、智慧城市、智能电网、智慧家居、自动驾驶等行业带来了革命性的变革与深远的影响[1]。泛在的 LED 照明网络，将有望作为承载可见光通信的基础设施，在与其他网络融合的基础上，支撑灯联网的构建与应用。

6.1　可见光与电力线联合通信

6.1.1　可见光信道模型

可见光通信的发明与普及离不开 LED 技术的发展与成熟，在正式介绍可见光信道之前，我们先介绍几个与 LED 相关的重要基本概念[2]。

LED 的光辐射功率：用来描述 LED 的发光性能，如式（6-1）所示。

$$P_t = \int_{\lambda_L}^{\lambda_H} P_t(\lambda)\,\mathrm{d}\lambda \tag{6-1}$$

其中，$P_t(\lambda)$ 是 LED 不同波长下的功率谱，λ_L 和 λ_H 是 LED 的最小和最大波长。

LED 的辐射强度：通常情况下，由于 LED 本身的设计，它无法产生定向光束而是会向全方向辐射光能，大部分商用的没有波束成形的 LED 灯可以认为是朗伯（Lambert）光源，其能量辐射强度 $R(\phi)$ 遵循朗伯定律。

$$R(\phi) = \frac{m+1}{2\pi} P_t \cos^m(\phi) \tag{6-2}$$

其中，m 代表 LED 光源的朗伯参数，ϕ 代表光束的出射角。

LED 光源的朗伯参数：由 LED 光源的半功率辐射角 $\theta_{1/2}$ 决定。

$$m = -1/\mathrm{lb}\,\theta_{1/2} \tag{6-3}$$

光电探测器，能将光信号转换为电信号，是可见光通信接收机的重要核心部件，其关键参数包括其有效探测面积 A_R、视场角 Ψ_C、响应时间等。为了提高接收性能、抑制可能的噪声，可见光通信的接收机一般还会有滤光片、光学集中器、光学透镜以及放大器及后端电路。

可见光信道视距路径（Line of Sight，LOS）的直流增益可计算如下。

$$H(0) = \begin{cases} \dfrac{m+1}{2\pi d^2} A_{\text{R}} \cos^m(\phi)T_{\text{s}}(\varphi)g(\varphi)\cos(\varphi), 0 \leqslant \varphi \leqslant \varPsi_{\text{C}} \\ 0, \qquad\qquad\qquad\qquad \varphi > \varPsi_{\text{C}} \end{cases} \qquad (6\text{-}4)$$

其中，A_{R} 表示光电探测器的有效探测面积，d 是可见光通信发射机和接收机之间的距离，m 是朗伯参数，ϕ 代表出射角，φ 代表入射角，$T_{\text{s}}(\varphi)$ 是滤光片增益，$g(\varphi)$ 是光学集中器的增益，$\varPsi_{\text{C}}$ 表示光电探测器的视场角。

在室内环境中，如果考虑到墙面反射，可见光信道还存在非视距路径（Non Line of Sight，NLOS），如图 6-1 所示，可依据光学反射定律对反射后的增益进行计算，可见光信道经历一次反射路径的直流增益可根据式（6-5）计算。

$$\text{d}H_{\text{ref}}(0) = \begin{cases} \dfrac{m+1}{2\pi d_1^2 d_2^2} A_{\text{R}}\rho\text{d}A_{\text{ref}} \cos^m(\phi)\cos(\alpha)\cos(\beta)T_{\text{s}}(\varphi)g(\varphi)\cos(\varphi), 0 \leqslant \varphi \leqslant \varPsi_{\text{C}} \\ 0, \qquad\qquad\qquad\qquad\qquad\qquad\qquad \varphi > \varPsi_{\text{C}} \end{cases} \qquad (6\text{-}5)$$

其中，d_1 代表 LED 和反射点的距离，d_2 代表反射点到可见光通信接收机的距离，ρ 是墙面的反射系数，$\text{d}A_{\text{ref}}$ 表示反射面的面积，α 代表反射点的入射角，β 代表反射点的出射角。

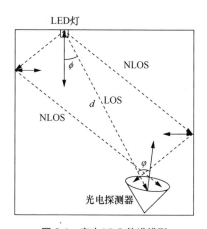

图 6-1　室内 VLC 信道模型

在实际系统中，可见光通信的信道建模根据方法的不同主要可以分为两大类：反射模型和积分球模型。

反射模型：反射模型旨在从光线反射的物理过程通过迭代的方法推演出整体

的信道增益，属于一种自下而上的建模方法。此处我们将简要介绍两种具有代表性的模型，一阶反射模型和多阶反射模型。

一阶反射模型：Nakagawa 等[3]在视距路径建模的基础上，将房间表面的第一次反射引入到了可见光信道的建模中，如图 6-2 所示，相应的时域冲激响应如式（6-6）所示[2]。

$$h(t) = h^{(0)}(t) + \int_{A_{wall}} dH_{ref}(0)\delta\left(t - \frac{d_1 + d_2}{c}\right) =$$
$$H(0)\delta\left(t - \frac{d}{c}\right) + \int_S dH_{ref}(0)\delta\left(t - \frac{d_1 + d_2}{c}\right) \tag{6-6}$$

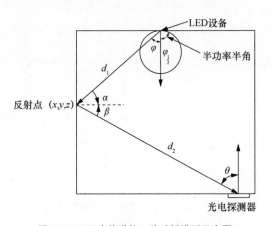

图 6-2　可见光信道的一阶反射模型示意图

多阶反射模型：2011 年 Lee 等[4]基于红外通信建立了可见光信道的多阶反射模型，该模型在现有的 VLC 系统中被广泛采用。可见光信道的多阶反射模型示意如图 6-3 所示，经过 k 次反射叠加后的室内可见光信道冲激响应如式（6-7）所示。

$$h(t) = \sum_{k=0}^{\infty} h^{(k)}(t) \tag{6-7}$$

其中，$h^{(k)}(t)$ 是经过 k 次反射的路径冲激响应，其计算式如式（6-8）所示。

$$h^{(k)}(t) = \begin{cases} \int_S \left[L_1 L_2 \cdots L_{k+1} \Gamma^k \delta\left(t - \frac{d_1 + d_2 + \cdots + d_{k+1}}{c}\right) \right] dA_{ref}, 0 \leqslant \varphi_{k+1} \leqslant \Psi_C \\ 0, \qquad\qquad\qquad\qquad\qquad\qquad \varphi_{k+1} > \Psi_C \end{cases} \tag{6-8}$$

其中，Γ^k 代表 LED 光源经过 k 次反射后的功率，$L_1, L_2, \cdots, L_{k+1}$ 表示路径损耗。

$$\begin{cases} L_1 = \dfrac{A_{\text{ref}}(m+1)\cos^m(\phi_1)\cos(\varphi_1)}{2\pi d_1^{\,2}} \\[3mm] L_2 = \dfrac{A_{\text{ref}}\cos(\phi_2)\cos(\varphi_2)}{\pi d_2^{\,2}} \\[2mm] \vdots \\[2mm] L_{k+1} = \dfrac{A_R\cos(\phi_{k+1})\cos(\varphi_{k+1})}{\pi d_{k+1}^{\,2}} \end{cases} \tag{6-9}$$

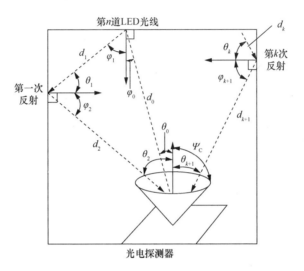

图 6-3　可见光信道的多阶反射模型示意

积分球模型：积分球模型最初用于红外通信，与反射模型不同，该模型最重要的特征是假定整个房间中的所有散射信号具有相同的增益[5]。由于反射的存在，积分球模型下的室内 VLC 信道频率响应的表达式常由视距路径分量和非视距路径分量两部分组成，可表达为

$$H(f) = \eta_{\text{LOS}} e^{-j2\pi f \Delta t_{\text{LOS}}} + \eta_{\text{DIFF}} \frac{e^{-j2\pi f \Delta t_{\text{DIFF}}}}{1 + j f / f_{\text{C}}} \tag{6-10}$$

其中，η_{LOS}、η_{DIFF}、Δt_{LOS} 和 Δt_{DIFF} 分别表示视距路径和非视距路径的信道增益及时延。f_{C} 表示仅存在非视距路径时的 3 dB 截止频率。

另一方面，非视距路径的信道增益可以由积分球模型求得。

$$\eta_{\text{DIFF}} = \frac{A_R}{A_{\text{ROOM}}} \frac{\rho}{1-\rho} \tag{6-11}$$

其中，A_{ROOM} 代表室内的有效反射面积，ρ 表示室内的平均反射系数。一般情况下，ρ 较小，同时 $A_{\text{ROOM}} \gg A_{\text{R}}$，因此非视距路径的信道增益远小于视距路径的信道增益，多数情况下，可以仅考虑视距路径情况以简化系统分析的复杂度。

可见光信道建模中，LED 光源本身的带宽限制也是需要考虑的。蓝光激发黄荧光粉的 LED 光源由于驱动电路简单、成本低，在商用照明 LED 灯中被广泛采用。然而激发荧光粉的时间较长，导致该类光源用作 VLC 时其调制带宽仅有几兆赫兹（MHz）。在实际 VLC 系统中，一般会在接收端光电探测器前增加一个蓝光滤光片，可以将 LED 光源的调制带宽提高到几十兆赫兹（MHz），如图 6-4 所示。配有蓝光滤光片的商用 LED 灯的信道频率响应等效为一个低通滤波器，其表达式如下。

$$H_{\text{LED}} = \text{e}^{-\beta f + \text{j}\theta(f)} \tag{6-12}$$

其中，β 和 $\theta(f)$ 分别表示 LED 灯所引起的信号衰减参数和相位旋转。

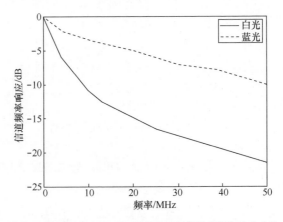

图 6-4　商用白光 LED 灯及其蓝色分量的信道频率响应曲线

多 LED 光源的可见光信道：为了使照明的效果更好，室内环境中不太可能只存在一个 LED 光源，而且为了使得照明更加均匀，不同 LED 光源的照明区域往往存在很大的交叠。因此 LED 光源通信中天然存在人工多径干扰、移动终端的切换、上行接入机制的设计等问题。

多 LED 光源的 VLC 信道是多个独立 LED 光源信道特性的线性叠加。

$$H(f) = \sum_{i=1}^{N} H_i(f) \tag{6-13}$$

其中，N 表示接收端探测到的 LED 数量，$H_i(f)$ 表示单个 LED 光源的信道增益。

类似地，如果我们忽略信道中的非视距路径分量，则多 LED 光源的可见光信道则可以简化为无线通信中经典的时域多径信道模型，从而可以利用无线通信中的技术解决相关问题。

6.1.2 电力线信道模型

精确的电力线信道建模根据方法的不同主要可以分为两类[6]：确定性模型和统计学模型，分别对应传输线模型和多径模型。

传输线模型是在电力线网络的拓扑、负载、线型等完全已知的情况下利用传输线理论对电力线信道进行建模的方法，主要分为双导体传输线模型[7]和多导体传输线模型[8-9]。传输线模型的优点是建模精确度很高，建模复杂度不会随着网络拓扑复杂度的增加而增加；缺点是在实际系统中电力线网络的拓扑结构、负载情况会随着时间经常变化，在建模时往往无法准确获得这些初始参数。

多径模型是利用电力线网络中接入负载不匹配导致的信号多径反射现象而对电力线信道进行建模的方法。相比于传输线模型，多径模型的建模过程不需要准确获知电力线网络的情况，只需要获得信道的时域冲激响应或者频率响应，因此在实际系统中被大量采用。Zimmermann 在 2002 年提出的频域多径叠加模型因其对电力线信道简单但精确的刻画，被认为是电力线信道的经典模型，大部分的电力线信道测量、建模以及估计方法的研究都是基于这个模型开展的[6]。在本书中，我们也将基于这个模型进行研究和仿真。

图 6-5 所示为一个电力线网络的典型拓扑结构，由于负载的阻抗失配，电力线信道常常会表现出明显的"多径"衰落①。根据 Zimmermann 模型，电力线网络中节点 A 到节点 B 之间的信道传递函数可以表达为

$$H(f) = \sum_{l=1}^{L} g_l \mathrm{e}^{-(\alpha_0 + \alpha_1 f^k) d_l} \mathrm{e}^{-\mathrm{j}2\pi f \frac{d_l}{v_g}} \tag{6-14}$$

其中，L 表示多径的数量，g_l 和 d_l 表示第 L 条径的路径增益和电长度，α_0 和 α_1 表示电力线缆的衰减参数，k 为电力线缆频率指数衰减参数（其值通常介于 0.5～1

---

① 电力线通信的多径衰落与传统无线通信的多径衰落在物理表示上不完全相同，因此此处用引号以示区别。

之间），v_g 表示电力线缆的群速度。从式（6-14）及信号传播的物理意义可以知道，时延越长的径所经历的衰减越大，因此实际模型中多径数量不会太多。

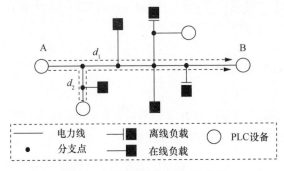

图 6-5　电力线网络的典型拓扑结构

表 6-1 介绍了 15 径经典电力线信道参数，其时域冲激响应和频率响应如图 6-6 所示。

表 6-1　15 径经典电力线信道参数

衰减参数								
$k=1$			$\alpha_0 = 0$			$\alpha_1 = 7.8 \times 10^{-10}$ s/m		
路径参数								
i	g_i	d_i/m	i	g_i	d_i/m	i	g_i	d_i/m
1	0.029	90	6	−0.040	200	11	0.065	567
2	0.043	102	7	0.038	260	12	−0.055	740
3	0.103	113	8	−0.038	322	13	0.042	960
4	−0.058	143	9	0.071	411	14	−0.059	1 130
5	−0.045	148	10	−0.035	490	15	0.049	1 250

参数稀疏性：事实上电力线信道在常规的时域或者频域表征上不具有稀疏性，如图 6-6 所示。但是另一方面，电力线信道的表征确实是具有一定稀疏性的，根据式（6-14），相比于信道本身的维度，决定电力线信道传递函数的参数数量是有限的，即电力线信道具有参数上的稀疏性[②]。

---

② 电力线信道的参数稀疏性是由 Ding 等[10]于 2015 年首次提出并应用于电力线的信道估计中。

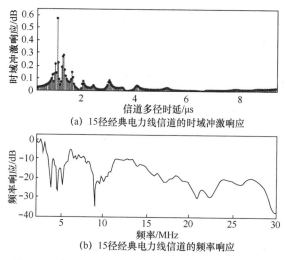

(a) 15 径经典电力线信道的时域冲激响应

(b) 15 径经典电力线信道的频率响应

图 6-6 15 径经典电力线信道的时域冲激响应与频率响应

6.1.3 PLC-VLC 联合信道模型

PLC 和 VLC 联合通信的常规思路是利用完整的 PLC 接收机与完整的 VLC 发射机相连在应用层实现数据传输。然而该思路并没有充分挖掘 PLC 与 VLC 的共性技术，硬件成本和网络复杂度都较高。与射频通信中的中继结构类似，VLC 与 PLC 的联合通信可以自然地类比成一种中继节点辅助的双跳通信系统；而根据协作传输技术理论，优化并设置合适的中继节点可以有效地提高通信系统的吞吐量与覆盖范围。在这个双跳通信系统中，电力线中的传输过程可以视为第一跳，可见光中的传输过程可以视为第二跳，LED 灯则充当中继节点。PLC 与 VLC 的数据在信号传输级别（即，物理层）就实现相同，根据 LED 中继节点中物理层数据转发方式的不同，PLC-VLC 联合通信的方式可分为解码转发（Decode-and-Forward，DF）和放大转发（Amplify-and-Forward，AF）两种主要的架构。解码转发架构中，LED 中继节点会对收到的电力线通信信号进行解调和解码，再进行重新编码和调制以进行可见光通信传输。在放大转发架构中，LED 中继节点所收到的电力线通信模拟信号将会连同噪声信号一起被直接放大，然后用可见光发射机重新发送。在上述两种 PLC-VLC 联合通信架构下，其联合信道的模型可以表示为电力线信道与可见光信道的级联，其频率响应表达式如下[11]。

$$H(f) = \sum_{i=1}^{N_{\text{LED}}} H_{i,\text{PLC}}(f) H_{i,\text{VLC}}(f) H_{\text{LED}}(f) H_{\text{DRI}}(f) \qquad (6\text{-}15)$$

其中，$H_{i,\text{PLC}}(f)$ 和 $H_{i,\text{VLC}}(f)$ 分别表示 PLC 调制解调器与第 i 个 LED 中继节点之间的电力线信道以及第 i 个 LED 中继节点与终端之间的可见光信道，N_{LED} 代表终端可以探测到的 LED 数量，$H_{\text{LED}}(f)$ 表示 LED 灯的等效信道模型，$H_{\text{DRI}}(f)$ 表示 LED 驱动电路和光电转换及放大电路的等效信道模型（通常情况下，如果电路的调制宽度足够大，则可以将该部分信道等效为全通滤波器）。

我们在实验室环境下测量了可见光信道的频率响应曲线，如图 6-7 所示[12]。商用 LED 灯在 30 MHz 的带宽下会引入 10 dB 左右的衰减。当 VLC 与 PLC 系统级联构成联合通信系统时，由于 PLC 信道的影响会进一步加剧高频信号的衰减，联合信道的频率响应如图 6-7 所示。

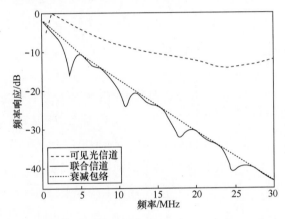

图 6-7　实验室环境下的可见光信道的频率响应曲线和 PLC-VLC 联合信道的频率响应曲线

6.1.4　可见光噪声模型

室内可见光信道中主要存在 3 种噪声源[2,13]：① 环境光噪声，主要来源是门窗透过的太阳辐射以及白炽灯和荧光灯等其他光源产生的干扰；② 散弹噪声，光电探测器在收集外界光子激励时由于自身固有的统计波动而产生的干扰；③ 热噪声，光电探测器前置放大器的电噪声。

实际系统中，太阳辐射以及其他光源会在接收机中产生噪声平台，体现为直流干扰信号。环境光噪声具有显著的时间（日出日落）、空间（远窗近窗）和事件（开灯关灯、行人物体遮挡等）相关性，一般认为不具备空时稳定性，对于这类噪声的建模需要针对特定的环境与应用场景利用大量的实测数据完成，且相关的模型参数会受到外部因素的显著影响，不具备普适性。幸运的是，此类噪声通常可以在接收机中引入高通滤波器而完全消除。散弹噪声和热噪声一般可以用高斯加性白噪声来进行建模。

6.1.5　电力线噪声模型

低压电力线信道中主要存在 3 种噪声源[14]：① 有色背景噪声，常用电器与家用电子设备产生的干扰，其功率谱密度随着频率增加而减少；② 窄带干扰，来自外部广播无线电频段，如 AM、FM 和业余无线电等的耦合干扰；③ 冲激噪声，由电网的供电，电力设备的插拔、切换等引起的干扰。

有色背景噪声可以建模成有如下功率谱的高斯噪声[15]。

$$R_{\text{color}}(f) = a + b|f|^c \left[\frac{\text{dBm}}{\text{Hz}} \right] \tag{6-16}$$

其中，a,b,c 是由测量获得的参数。

窄带干扰可用频域稀疏多带限高斯干扰源叠加模型进行建模。在 OFDM 系统中，每个窄带干扰可以建模为一个中心频点在 N 个 OFDM 子载波中随机分布的带限高斯噪声，且满足频域稀疏特性，其功率谱密度为[16]

$$N_{0,\text{NB}} = \sigma_e^2 \tag{6-17}$$

冲激噪声通常是非高斯的，其出现的时刻服从泊松分布或伯努利分布，其幅度分布可用 Middleton Class A 模型来建模，且满足时域稀疏特性[17]。

6.2　可见光与电力线通信融合网络架构

本节简要回顾现有的室内可见光通信网络架构，接着给出本章提出的新型宽带电力线、可见光与无线深度融合通信网络架构。

6.2.1　现有方案及其局限性

　　VLC 系统本身是典型的"信息孤岛"，需要接入骨干信息网络才能够作为接入点为移动设备提供信息服务。图 6-8 所示为传统基于 VLC 的下行网络架构（简称架构一）[18]，其是最直观的组网方案，在这个架构中，LED 光源从网线中获取信息成为移动用户的接入点。这个架构需要对现有的照明线路进行大规模的改造，从而为每个 LED 光源接入网线，同时还需要安装专门的调制解调器以实现网线与 LED 光源信息的互通。显然，架构一的组网复杂度以及成本比较高。

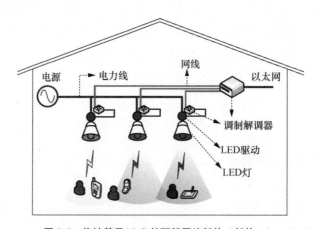

图 6-8　传统基于 VLC 的下行网络架构（架构一）

　　随着宽带 PLC 技术的发展，PLC 速率的瓶颈逐渐被突破[19]，研究者们开始利用 PLC 作为 VLC 的接入网以达到"有电就有网"的效果，避免了照明线路的改造问题，可以大大降低网络覆盖的成本。如前所述，PLC 和 VLC 的结合理论上可以规避各自系统的局限，同时继承两者的优点。图 6-9 所示为传统基于 PLC 和 VLC 的下行网络架构（简称架构二）[20]，在这个架构中，每个 LED 光源与 PLC 调制解调器相连从电力线中获取所需的信息，不同的 LED 光源可以根据移动终端的需求传递不同的信号。另外，在 LED 光源和 PLC 调制解调器中间还需要增加一个 PLC 到 VLC 转换模块以实现不同介质下的信号转换。

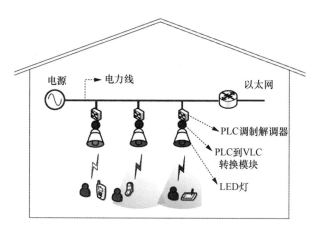

图 6-9　传统基于 PLC 和 VLC 的下行网络架构（架构二）

事实上，架构一和架构二除了采用不同的媒介接入以太网以外，其网络架构本质上与传统无线局域网络类似。这一类 VLC 网络具有以下 3 个缺点。

（1）网络覆盖成本高

每一个 VLC 接入点上都需要增加专用的调制解调器，由于 VLC 接入点的密度远大于无线局域网中的接入点密度，要达到与无线局域网同样的网络信号覆盖，VLC 网络所需要的成本将会远高于现有无线网络。

（2）网络切换太频繁

无线局域网中，终端设备在不同的无线接入点覆盖范围内移动时需要进行网络切换以获得更好的网络连接。然而，对于 VLC 网络来说，VLC 接入点（LED 光源）之间的距离很近，设备在不同的接入点之间移动时需要进行非常频繁（频率远高于无线网络）的网络切换，这将大大提高移动设备的能耗，同时大大增加网络切换协议设计的难度。

（3）信号抗遮挡性差

VLC 信号在传输过程中最担心的问题就是信号的遮挡，当发射机与接收机之间不存在 LOS 时，接收机有很大的概率无法正确解码，这个特性对于现有架构的网络 QoS 提出了巨大的挑战。

6.2.2　新型电力线、可见光与无线深度融合通信网络架构

为了克服现有 VLC 网络架构的上述缺点，我们提出了一种新型电力线、可见

光与无线深度融合通信网络架构（简称架构三），如图 6-10 所示[11-12]。在这个架构中，PLC 和 VLC 负责高速传输网络的下行链路，只需要在电力线和 LED 光源之间增加一个很小的 PLC 到 VLC 转换模块，此模块从电力线中耦合出信号然后直接叠加到 LED 光源的驱动电流上从而实现光信号的传输；无线通信技术主要用于控制链路、上行链路以及信号存在遮挡情况下的应急通信。架构三具有以下 5 个特点。

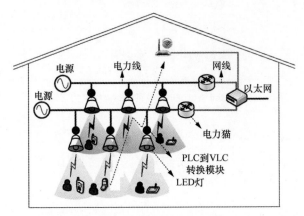

图 6-10　新型电力线、可见光与无线深度融合通信网络架构（架构三）

（1）网络覆盖成本低

架构三舍弃了高成本的调制解调器，仅采用了低成本的 PLC 到 VLC 转换模块，实现 PLC 和 VLC 的深度融合。架构三中 PLC 到 VLC 转换模块的原理如图 6-11 所示，该模块可以高度集成，其成本也可以控制得很低。相比于原有架构，架构三所需的网络改造很小，网络覆盖成本更低。

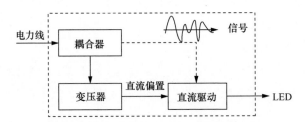

图 6-11　架构三中 PLC 到 VLC 转换模块的原理

（2）避免了网络切换

在架构三中，与同一个 PLC 基站相连的 LED 光源会同时发送相同的光信号，构成了天然的单频网环境。终端在单频网内移动不需进行网络切换，可有效避免复杂协议设计以及终端能耗的增加。

（3）信号抗遮挡性强

由于单频网中的 LED 光源发送相同的光信号，即使某一个或者多个 LED 光源被人为遮挡，只要终端可以收到单频网中其他 LED 光源发送的光信号依然可以进行解调解码，提高了网络的抗遮挡性和服务质量。

（4）可扩展性较好

需要指出的是，单频网内的终端可以通过下行多业务技术来获得自己所需的不同的服务。另一方面，可以通过适当增加 PLC 基站的数量以搭建更多的单频网，从而满足不同的网络覆盖需求。

（5）继承不同技术的优点

该架构中充分利用不同通信技术的特点有机的组成了深入融合网络，同时解决了射频通信的频谱短缺问题、电力线通信的移动性支持问题以及可见光通信的网络接入问题。

为了更直观地比较不同架构的特点，我们在表 6-2 中详细地列出了 3 种 VLC 架构所需的关键模块以及处理过程。

表 6-2　3 种 VLC 架构所需的关键模块以及处理过程[③]

项目	架构一	架构二	架构三
额外的网线	√	×	×
调制解调器	√	√	×
复杂的网络协议	√	√	×
解码转发模块	√	√	×
PLC 到 VLC 转换模块	×	√	√
频繁的网络切换	√	√	×

我们以时域同步-正交频分复用（TDS-OFDM）技术为基础开展研究，设计并完成了一套具有完整自主知识产权的新型 PLC、VLC 和无线深度融合通信方案，并在实验室的环境中搭建了架构三的下行链路演示系统，如图 6-12 所示。信号发生器首先产生视频数据流，然后在 PLC 调制器中经过编码、调制、组帧和数模转

---

③ 此表格中√和×分别表示架构中需要或者不需要该模块或者处理，特指从接入网到移动终端之间的线路，不考虑接入网到以太网之间的结构。

换后耦合到电力线中。在 PLC 到 VLC 转换模块中，传输的信号被加到直流偏置上以驱动 LED 光源发光。在接收端，采用雪崩光电二极管（APD）来探测发送的信号，经过解调和解码后的时频数据流在播放器中播放，对应的系统框图如图 6-13 所示。该系统在设计之初实现了 8 MHz 带宽下 48 Mbit/s 的实时速率（电力线长度为 200 m，LED 灯到光接收机的距离为 3 m），最新的系统已经实现了 24 MHz 带宽下近 300 Mbit/s 的实时多路视频传输。

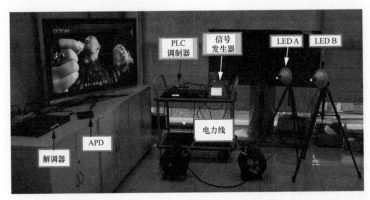

图 6-12　实验室环境中的新型 PLC、VLC 和无线深度融合通信网络架构的下行链路演示系统

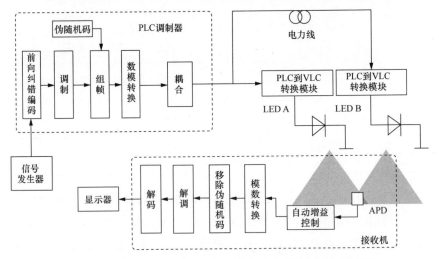

图 6-13　新型 PLC、VLC 和无线深度融合通信网络架构的系统框图

　　在演示系统的搭建中，我们获得了一些典型参数的选择经验，其中主要的参数及其典型值参见表 6-3。除了光探测器部分，该演示系统的所有硬件模块均由作

者所在课题组自行设计完成，实物如图 6-14～图 6-17 所示。

表 6-3 演示系统主要的参数及其典型值

参数	数值
输入电压	3.8 V
工作电流	0.26 A
APD 的最低照度	300 lx
半功率辐射角	30°
调制深度	15%
APD 灵敏度	0.42 dB
LED 光源到接收机的距离	3 m

图 6-14 LED 光源

图 6-15 PLC 到 VLC 转换模块

图 6-16 PLC 调制器

图 6-17 接收机的解调器

6.2.3 兼容传输与定位的可见光与电力线融合通信方法

1. 改进的 PLC-VLC 融合通信网络架构

为实现多业务数据的传输，在 PLC-VLC 融合通信网络架构中加入定位信息融合模块。发射信号通过 PLC 调制器耦合到电力线中进行发送，经过解码转发单元后，加入定位信息，重新编码、交织、调制以及后端处理后得到合并信号，驱动

LED 发送信号，兼容传输与定位的 PLC-VLC 融合通信网络架构如图 6-18 所示[21]。图 6-19 所示为详细的兼容传输与定位的 PLC-VLC 融合通信网络架构的信号流程。

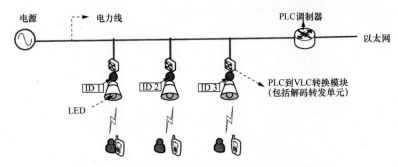

图 6-18　兼容传输与定位的 PLC-VLC 融合通信网络架构

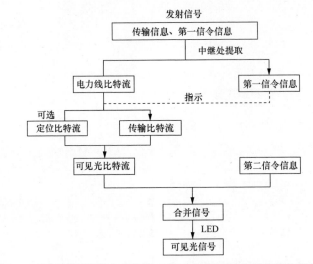

图 6-19　详细的兼容传输与定位的 PLC-VLC 融合通信网络架构的信号流程

2. 支持多业务的 PLC-VLC 单频网架构

单频网是一种同时同频发射相同信号的网络架构。在 PLC-VLC 融合通信中，由于多个 LED 灯同时连接同一条电力线，具有单频网的特点。该方式不需频率复用，可节省大量的频谱资源，而且多个发射机会带来分集增益，可以获得更好的覆盖率，同时也避免了在不同 LED 间移动时复杂的频繁切换。

然而，在兼容传输和定位的 PLC-VLC 融合通信网络架构中，由于不同 LED 灯携带的定位信息不同，因而各个 LED 灯最终发射的信息不同，不是传统意义上的单频网。为此设计一种新型的单频网架构，通过分配比特资源的方式把基站的物理信道分割为公共信道和本地信道。支持公共业务和本地业务的 PLC-VLC 单频网架构如图 6-20 所示。公共信道使用一部分比特资源，本地信道使用另一部分比特资源，让基站既可以广播发送公共业务信息，也能广播发送本地业务信息。由于比特具有非均等保护程度特征，因而其覆盖范围可以不同，同时也能在接收端将信号解调出来。

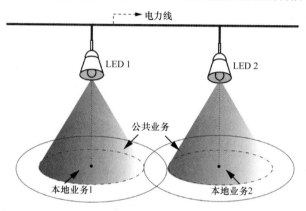

图 6-20　支持公共业务和本地业务的 PLC-VLC 单频网架构

具体地，我们利用比特分割复用（Bit Division Multiplexing，BDM）实现 PLC-VLC 通信网络的多业务传输。比特分割复用是一种比特层级的多业务数据传输方法[22]。传统的数据传输是将信道资源按照符号维度进行分割，如时分复用、频分复用和码分复用；而 BDM 则是将每个符号内的多个比特看成一个维度，即比特维度，将信号按照比特进行分割。比特分割复用示意如图 6-21 所示。

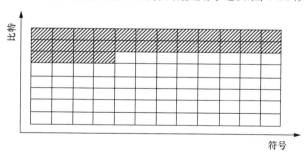

图 6-21　比特分割复用示意

在兼容传输和定位的 PLC-VLC 融合通信网络架构中，传输数据和定位数据的融合使用 BDM 技术。在将传输比特流和定位比特流进行比特层次合并的过程中，是以星座映射符号为划分单元，将可见光通信的物理层信道进行分割，得到符号层次的物理层子信道，再以星座映射符号中的比特为划分单元，进行进一步分割，得到比特层次的物理层子信道。其示意如图 6-22 所示。

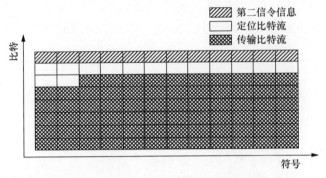

图 6-22　PLC-VLC 融合通信网络架构中的比特分割复用示意

3. 软件仿真与硬件实现

为了验证上述系统的可行性，我们仿真了 DTMB-A 系统、256QAM 调制方式、高斯噪声信道、不同多业务传输方式下，两种业务传输时的信道容量。其中，数据传输业务传输速率要求 $R_1 = 3$ 比特/符号，定位业务传输速率要求 $R_2 = 1$ 比特/符号。高斯信道下不同多业务传输方式的信噪比如图 6-23 所示。由图 6-23 可以看出，固定两种业务的传输速率时，在信噪比差值为 8 dB 的情况下，BDM 的方式比时分复用（Time-Division Multiplexing，TDM）的方式，带来了 1.6 dB 的信噪比增益。可以看出提出的利用 BDM 的多业务传输方式的可见光与电力线融合通信网络架构，可以提高整个系统的信道容量。

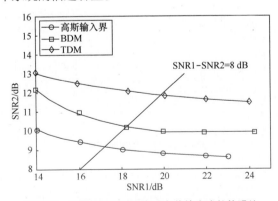

图 6-23　高斯信道下不同多业务传输方式的信噪比

　　我们在实验室环境下搭建了一套兼容传输与定位的 PLC-VLC 融合通信演示平台[23]。该 PLC-VLC 融合通信系统包含 4 个 LED 灯，每个灯中的放大转发模块均包含唯一的位置信息。在 LED 灯节点上，相关的文本信息与位置信息同时传输，以模拟实际的多业务应用。接收机利用 APD 检测可见光信号并进行解调和解码从而同时获得所需的数据服务和位置信息。我们基于安卓系统和 OTG（On-the-Go）设备开发了一套演示系统和软件，该系统的定位信息显示在 App 的图形界面中，以方便用户验证其位置，如图 6-24 和图 6-25 所示。

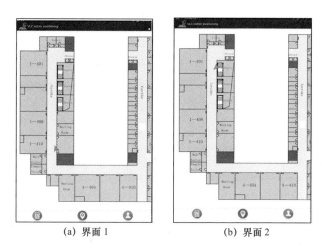

(a) 界面 1　　　　　　　　　　(b) 界面 2

图 6-24　兼容传输与定位的 PLC-VLC 融合通信系统 App 定位界面

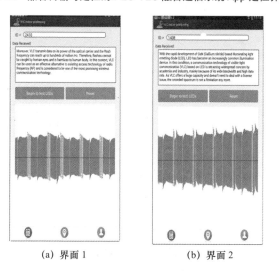

(a) 界面 1　　　　　　　　　　(b) 界面 2

图 6-25　兼容传输与定位的 PLC-VLC 融合通信系统 App 数据服务界面

6.3　基于稀疏信号处理的信道估计和噪声消除技术

6.3.1　基于稀疏贝叶斯学习的电力线信道估计方法[10]

1. 离散化电力线信道估计模型

基于压缩感知（Compressive Sensing，CS）的稀疏信号恢复技术具有很好的噪声鲁棒性。然而，PLC 信道无论在时域还是频域均不存在稀疏性，因此直接应用压缩感知技术只会导致电力线信道估计算法的失效。为了能够应用压缩感知技术，我们需要对现有的模型进行转化，首先要构造 CS 算法必需的观测矩阵。我们通过定义电长度 d_l 的分辨率 Δd，从而将参数离散化，即 $n_l = \lfloor d_l/\Delta d \rfloor$ 和 $N = \lfloor \max(d_l)/\Delta d \rfloor$，其中 $\lfloor \cdot \rfloor$ 表示向下取整，电力线信道的计算式可以重写为

$$H_k = \sum_{l=1}^{L} g_l e^{-[\alpha_0 + \alpha_1(f_{\min} + k\Delta f)]n_l \Delta d} e^{-j2\pi(f_{\min} + k\Delta f)\frac{n_l \Delta d}{v_g}} =$$

$$\sum_{l=1}^{L} \left[e^{-\left(\alpha_1 + j\frac{2\pi}{v_g}\right)\Delta f \Delta d n_l} \right]^k \left[g_l e^{-\left[(\alpha_0 + \alpha_1 f_{\min}) + j2\pi\frac{f_{\min}}{v_g}\right]\Delta d n_l} \right] \tag{6-18}$$

通过定义

$$v_n = e^{-\left(\alpha_1 + j\frac{2\pi}{v_g}\right)\Delta f \Delta d n_l}, 1 \leqslant n \leqslant N \tag{6-19}$$

以及

$$x_n = \begin{cases} g_l e^{-\left[(\alpha_0 + \alpha_1 f_{\min}) + j2\pi\frac{f_{\min}}{v_g}\right]\Delta d n_l}, & \text{当 } n = n_l, 1 \leqslant n \leqslant N \\ 0, & \text{其他} \end{cases} \tag{6-20}$$

我们可以得到一个景点的离散估计模型，

$$y = \boldsymbol{\Phi} x \tag{6-21}$$

其中 y 表示观测向量

$$y = [H_0, H_1, \cdots, H_{M-1}]^T \tag{6-22}$$

$\boldsymbol{\varPhi}$ 表示观测矩阵

$$\boldsymbol{\varPhi}=\begin{bmatrix} 1 & 1 & \cdots & 1 \\ v_1 & v_2 & \cdots & v_N \\ \vdots & \vdots & & \vdots \\ v_1^{M-1} & v_2^{M-1} & \cdots & v_N^{M-1} \end{bmatrix}_{M\times N} \tag{6-23}$$

$\boldsymbol{x}$ 表示待估计向量

$$\boldsymbol{x}=\left[x_1,x_2,\cdots,x_N\right]^{\mathrm{T}} \tag{6-24}$$

由于电力线信道的参数稀疏性,因此该模型中的待估计向量 $\boldsymbol{x}$ 具有稀疏性,只有 L 个非零元素,该问题可以利用 CS 算法来解决。

2. 基于稀疏贝叶斯学习的电力线信道估计方法

由于上述观测矩阵 $\boldsymbol{\varPhi}$ 的相干系数非常大,因此传统基于贪心算法的 CS 性能会出现明显恶化,无法适用于电力线信道的参数估计。我们提出了一种基于稀疏贝叶斯学习的电力线信道估计方法,该方法的性能保障不依赖于观测矩阵的有限等距性或者相干系数的大小。算法 6-1 给出了基于关联向量机(RVM)算法的电力线信道估计方法。当获得了参数 L、g_l 和 d_l 后,进一步可以计算电力线信道的频率响应曲线,随后可以用于数据均衡等后续操作。

算法 6-1 基于 RVM 算法的电力线信道估计方法

输入:观测向量 $\boldsymbol{y}$,分辨率 Δd,信号维度 N,估计残差 r_{th}

输出:待估计参数 L,g_l,d_l

1. 设置先验矩阵 $\boldsymbol{\varGamma}^0 = \boldsymbol{I}_N$;

2. 初始化噪声方差 $\lambda^0 = 0.01\mathrm{var}(\boldsymbol{y})$ 和估计残差 $\boldsymbol{r}^0 = \boldsymbol{y}$;

3. 根据输入参数构建观测矩阵 $\boldsymbol{\varPhi}$;

4. 设置循环次数 $t = 1$;

5. 调用 RVM 算法来更新目标信号 $\boldsymbol{\mu}_x^t$,噪声方差 λ^t,估计残差 $\boldsymbol{r}^t$ 和循环次数 t 直到估计残差小于预设值 $\|\boldsymbol{r}^t\|_2 < r_{\mathrm{th}}$;

6. 目标信号中绝对值小于 $3\lambda^t$ 的元素置为 0 作为待估计量的最终估计值,即 $\hat{\boldsymbol{x}} = S_{3\lambda^t}(\boldsymbol{\mu}_x^t)$,并获得 L 的估计值;

7. 利用待估计向量的非零元素集合计算待估计电长度,$\{d_l\}_{l=1}^L = \mathrm{supp}(\hat{\boldsymbol{x}})\Delta d$;

8. 计算参数 g_l。

3. 仿真结果

图 6-26 所示为各种电力线信道估计方法的均方误差（MSE）性能比较，我们所提的基于 RVM 算法的电力线信道估计方法相比传统方法具有更好的 MSE 估计性能。基于零化滤波的信道估计方法对于噪声的敏感性很强，在通信系统典型的信噪比条件下无法正常工作，而基于旋转不变技术的信号参数估计（Estimating Signal Parameter via Rotational Invariance Techniques，ESPRIT）的信道估计方法需要很高的 SNR 才能达到通信所需的 MSE 性能水平，在实际系统中不太实用。由于观测矩阵的强相关性，基于贪心算法的压缩感知算法在本文所提的模型中完全失效，比直接将正交匹配追踪（OMP）算法应用到时域电力线信道的情况还差。

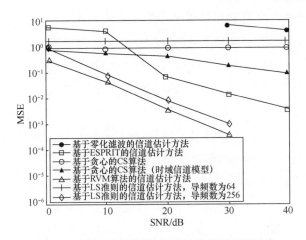

图 6-26　各种电力线信道估计方法的 MSE 性能比较

6.3.2　基于稀疏恢复理论的窄带干扰估计[16]

1. 窄带干扰频域稀疏模型

在 OFDM 系统中，第 i 个 OFDM 符号所受到窄带干扰的频域表示向量 $\boldsymbol{e}_i = \left[e_{i,0}, e_{i,1}, \cdots, e_{i,N-1}\right]^{\mathrm{T}}$ 通常具有稀疏性，即上述向量中非零元素的个数 K 所占 OFDM 子载波数 N 的比例通常不超过 5%，记稀疏度为 K、窄带干扰向量中的非零元素位置集合为 Ω_i（支撑集）、干噪比为 γ_{NB}。

相关的研究和实际测试数据表明，窄带干扰信号还具有时间相关性，即在接

收信号的相邻 OFDM 符号所受到的窄带干扰近似不变，其频域支撑集和非零元素的强度近似相等，即

$$\Omega_i = \Omega_{i+1} \tag{6-25}$$

$$| e_{i,k} |=| e_{i+1,k} |, k = 0, 1, \cdots, N-1 \tag{6-26}$$

其中，Ω_i 表示第 i 帧 OFDM 符号中的窄带干扰非零元素支撑集，$\left| e_{i,k} \right|$ 为第 i 帧第 k 个子载波上的窄带干扰信号的幅值。

2. 基于压缩感知的窄带干扰估计

对于采用 TDS-OFDM 帧结构的块传输系统，假设训练序列的长度为 M，信道的长度为 L，则收到的训练序列的尾部存在着一段无块间干扰区域，其长度为 $G=M-L+1$。因此，当系统中存在窄带干扰时，收到的第 i 帧和第 $i+1$ 帧信号的无块间干扰区域可以表示为

$$\boldsymbol{q}_i = \boldsymbol{\Psi}_G \boldsymbol{h}_i + \boldsymbol{F}_G \boldsymbol{e}_i + \boldsymbol{w}_i \tag{6-27}$$

$$\boldsymbol{q}_{i+1} = \boldsymbol{\Psi}_G \boldsymbol{h}_{i+1} + \boldsymbol{F}_G \boldsymbol{e}_{i+1} + \boldsymbol{w}_{i+1} \tag{6-28}$$

其中，$\boldsymbol{\Psi}_G$ 是由已知训练序列构成的大小为 $G \times L$ 的 Toeplitz 矩阵，$\boldsymbol{F}_G$ 是由部分傅里叶变换矩阵构成的大小为 $G \times N$ 的观测矩阵。当系统的帧长度小于信道的相干时间，可以认为相邻帧所经历的信道冲激响应近似不变，即 $\boldsymbol{h}_i = \boldsymbol{h}_{i+1}$。此外，由于窄带干扰的时间相关性，第 $i+1$ 帧中的窄带干扰频域表示向量 $\boldsymbol{e}_{i+1}$ 与第 i 帧中的窄带干扰向量 $\boldsymbol{e}_i$ 仅相差一个相位移动，即 $e_{i+1,k} = e_{i,k} \exp(\mathrm{j}2\pi k(M+N)/N)$，$k = 0, 1, \cdots, N-1$。

本书提出了一种新型 TDM 操作，利用相邻帧接收的训练序列无块间干扰区域差分相减操作可获得窄带干扰采样向量。

$$\Delta \boldsymbol{q}_i = \boldsymbol{F}_G \Delta \boldsymbol{e}_i + \Delta \boldsymbol{w}_i \tag{6-29}$$

其中，$\Delta \boldsymbol{q}_i = \boldsymbol{q}_{i+1} - \boldsymbol{q}_i$，$\Delta \boldsymbol{w}_i = \boldsymbol{w}_{i+1} - \boldsymbol{w}_i$，而 $\Delta \boldsymbol{e}_i$ 是窄带干扰差分向量，表示为

$$\Delta \boldsymbol{e}_i = \boldsymbol{e}_{i+1} - \boldsymbol{e}_i \tag{6-30}$$

其向量元素可表示为

$$\Delta e_{i,k} = e_{i,k} (\exp(\mathrm{j}2\pi k(M+N)/N)-1) \tag{6-31}$$

我们已知观测矩阵 $\boldsymbol{F}_G$ 和采样向量 $\Delta \boldsymbol{q}_i$，同时已知待恢复向量 $\Delta \boldsymbol{e}_i$ 具有一定的稀

疏性，因此可以基于压缩感知算法实现 Δe_i 的精确求解。在实际系统和信道环境中，窄带干扰的稀疏度是未知且变化的，传统 OMP、子空间追踪（Subspace Pursuit，SP）等算法需要预知稀疏度相关信息因而不适用。本书提出了一种基于先验信息辅助的稀疏度自适应匹配追踪（PA-SAMP）算法，利用从连续接收符号上估计所得的窄带干扰支撑集先验信息，作为辅助迭代输入信息，从而降低经典稀疏度自适应匹配追踪（Sparsity Adaptive MP，SAMP）算法的估计精度与鲁棒性。

根据窄带干扰的时间相关性，D 个连续符号所受到的窄带干扰频域表示向量具有共同的稀疏支撑集，其部分支撑集 Γ_0 可由下面的简单操作进行估计。

$$\Gamma_0 = k \left| \sum_{j=i}^{i+D-1} \left| \Delta Q_{j,k} \right|^2 > \eta_{\mathrm{th}}, k = 0,1,\cdots,N-1 \right. \tag{6-32}$$

其中，$\Delta \mathbf{Q}_i = \left[\Delta Q_{i,0}, \Delta Q_{i,1}, \cdots, \Delta Q_{i,N-1} \right]$ 为 $\Delta \mathbf{q}_i$ 的 N 点 FFT，式（6-32）中的功率门限 η_{th} 可由窄带干扰的平均能量估计。

$$\eta_{\mathrm{th}} = \frac{\alpha}{N} \sum_{j=i}^{i+D-1} \sum_{k=0}^{N-1} \left| \Delta Q_{j,k} \right|^2 \tag{6-33}$$

其中，α 是可调整的拉伸系数。

算法 6-2 给出了用于窄带干扰重构的 PA-SAMP 算法伪代码。

算法 6-2 用于窄带干扰重构的 PA-SAMP 算法

输入：观测向量 $\mathbf{y} = \Delta \mathbf{q}_i$，观测矩阵 $\mathbf{\Psi} = \mathbf{F}_G$，先验部分支撑集 Γ_0，初始稀疏度 $K_0 = \left| \Gamma_0 \right|$，迭代步长 δ_S

输出：完整支撑集 Γ_f，重构的窄带干扰差分向量 $\Delta \hat{\mathbf{e}}_i$

初始化：

1. $\left. \Delta \hat{\mathbf{e}}_i^0 \right|_{\Gamma_0} \leftarrow \mathbf{\Psi}_{\Gamma_0}^\dagger \mathbf{y}$，$\mathbf{r}_0 \leftarrow \mathbf{y} - \mathbf{\Psi} \Delta \hat{\mathbf{e}}_i^0$；

2. $T \leftarrow \delta_S + K_0$，$k \leftarrow 1$，$j \leftarrow 1$

迭代过程，直到 $\|\mathbf{r}\|_2 < \varepsilon$；

3. 获取预先测试集 $S_k \leftarrow \max\left(\mathbf{\Psi}^{\mathrm{H}} \mathbf{r}_{k-1}, T - K_0 \right)$；

4. 生成候选集 $C_k \leftarrow \Gamma_{k-1} \bigcup S_k$；

5. 构建临时估计集 $\Gamma_{\mathrm{temp}} \leftarrow \max\left(\mathbf{\Psi}_{C_k}^\dagger \mathbf{y}, T \right)$；

6. $\left. \Delta \hat{\mathbf{e}}_i^k \right|_{\Gamma_{\mathrm{temp}}} \leftarrow \mathbf{\Psi}_{\Gamma_{\mathrm{temp}}}^\dagger \mathbf{y}$，$\left. \Delta \hat{\mathbf{e}}_i^k \right|_{\Gamma_{\mathrm{temp}}^c} \leftarrow \mathbf{0}$；

7.　估计残差　$r_0 \leftarrow y - \boldsymbol{\Psi}_{\Gamma_{\text{temp}}} \boldsymbol{\Psi}_{\Gamma_{\text{temp}}}^{\dagger} y$;

8.　if $\|r\|_2 \geqslant \|r_{k-1}\|_2$,

9.　　　 $j \leftarrow j + 1$, $T \leftarrow K_0 + j \times \delta_S$

10.　else

11.　　　 $\Gamma_k \leftarrow \Gamma_t$, $r_k \leftarrow r$;

12.　　　 $k \leftarrow k + 1$;

13.　end

3. 仿真结果

本节针对本书所提出的基于压缩感知的窄带干扰重构算法，给出基于 TDS-OFDM 系统下的仿真结果与性能讨论，主要仿真测试的指标包括窄带干扰重构过程、窄带干扰估计均方误差。时域训练序列的长度 M=595，子载波数 N=3 780，用于估计部分支撑集先验信息的相邻 OFDM 符号数 D=4。在该系统下基于 TDM 和 PA-SAMP 算法的窄带干扰重构总体过程仿真结果如图 6-27 所示，其中窄带干扰的干噪比 INR=30 dB，稀疏度 K=15，拉伸系数 α=8。仿真结果表明，所提的方法可以准确估计并恢复窄带干扰信号的位置与幅度。

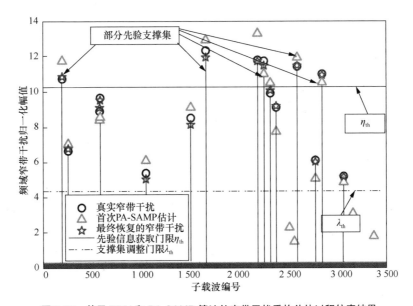

图 6-27　基于 TDM 和 PA-SAMP 算法的窄带干扰重构总体过程仿真结果

基于 TDM 和 PA-SAMP 算法的窄带干扰重构的 MSE 性能仿真结果如图 6-28 所示，其中稀疏度为 $K=10$ 和 $K=20$。仿真结果显示，本书所提出的 PA-SAMP 算法在两种不同稀疏度情况下相比于 TDM 算法均可获得 2.0 dB 左右的性能提升（在 MSE 为 10^{-3} 处），同时，随着 INR 的提高，所提方法的 MSE 性能趋近于克拉美罗理论界(Cramer-Rao Bound，CRB)。

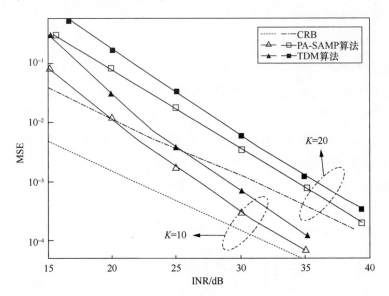

图 6-28　基于 TDM 和 PA-SAMP 算法的窄带干扰重构的 MSE 性能仿真结果

6.3.3　基于稀疏恢复理论的冲激噪声估计[17]

1．冲激噪声时域稀疏模型

在 OFDM 系统中，第 i 个 OFDM 符号所受到冲激噪声的时域表示向量 $z_i = \left[z_{i,0}, z_{i,1}, \cdots, z_{i,N-1} \right]^{\mathrm{T}}$ 通常具有稀疏性，即上述向量中非零元素的个数 K 所占 OFDM 数据块长度 N 的比例通常不超过 5%，冲激噪声向量中的非零元素位置集合为 $\Pi_i = \{j \mid z_{i,j} \neq 0, j = 0,1,\cdots,N-1\}$（支撑集）、稀疏度 $K = |\Pi_i|$，则 $K / N \leqslant 5\%$，冲激噪声的 INR 为 γ_{IN}，这里将冲激噪声视为对系统的干扰信号与基底背景噪声信号区分。

2. 基于压缩感知的冲激噪声估计

在基于 OFDM 的通信系统中，为了实现频谱成型、陷波、降低带外干扰等功能，通常在 OFDM 数据块中设置空子载波。本书将利用所述空子载波获得冲激噪声的频域采样向量，并基于压缩感知框架实现噪声重构。假设空子载波对应的下标集合表示为 Θ，在多径衰落信道和冲激噪声干扰下所收到的第 i 帧 OFDM 符号中空子载波上的频域数据表示为

$$\boldsymbol{p}_i = \boldsymbol{F}_R \boldsymbol{z}_i + \boldsymbol{w}_i \tag{6-34}$$

其中，向量 $\boldsymbol{p}_i = \left[p_{i,0}, p_{i,1}, \cdots, p_{i,R-1} \right]^{\mathrm{T}}$ 的长度 $R = |\Theta|$，$\boldsymbol{w}_i$ 为频域 AWGN 向量，$\boldsymbol{F}_R$ 是用于压缩感知重构冲激噪声的部分傅里叶变换矩阵（观测矩阵）。

$$\boldsymbol{F}_R = \frac{1}{\sqrt{N}} \begin{bmatrix} \boldsymbol{\phi}_0 & \boldsymbol{\phi}_1 & \cdots & \boldsymbol{\phi}_{N-1} \end{bmatrix} \tag{6-35}$$

其中，ϕ_n 的第 k 个元素为 $\exp(-\mathrm{j}2\pi nk / N)$，$k \in \Theta$，$n = 0,1,\cdots,N-1$。

我们已知观测矩阵 $\boldsymbol{F}_R$ 和采样向量 $\boldsymbol{p}_i$，同时已知待恢复向量 $\boldsymbol{z}_i$ 具有一定的稀疏性，因此可以基于压缩感知算法实现对 $\boldsymbol{z}_i$ 的精确求解。在实际系统和信道环境中，冲激噪声的稀疏度是未知且变化的，传统 OMP、SP 等算法需要预知稀疏度相关信息因而不适用。本文采用所提出的 PA-SAMP 算法进行冲激噪声估计，适用于稀疏度未知的情形，并且利用先验信息提升估计精度与鲁棒性。

首先，我们基于门限检测法估计冲激噪声的部分支撑集。由于冲激噪声强度一般显著高于时域有用信号分量和基底背景噪声，通过对收到的第 i 帧时域 OFDM 数据块 $\boldsymbol{x}_i$ 进行门限检测，就可以粗估计得到冲激噪声的部分支撑集 $\varXi_0$。将能量超过预设门限 λ_{th} 的时域采样点计入部分支撑集 $\varXi_0$ 中，即

$$\varXi_0 = \{n \mid |x_{i,n}|^2 > \lambda_{\mathrm{th}}, n = 0,1,\cdots,N-1\} \tag{6-36}$$

其中预设功率门限由接收数据的平均能量决定。

$$\lambda_{\mathrm{th}} = \alpha \frac{1}{N} \sum_{n=0}^{N-1} |x_{i,n}|^2 \tag{6-37}$$

其中，α 代表拉伸系数。

然后，利用获得的冲激噪声部分支撑集 $\varXi_0$ 作为先验信息辅助，可以采用 PA-SAMP 算法高效、精确地重构第 i 帧 OFDM 数据块中的冲激噪声 $\boldsymbol{z}_i$。PA-SAMP

算法的伪代码如算法 6-2 所示，只需要将输入、输出对应改变为冲激噪声相关量即可：观测向量 $\boldsymbol{y} = \boldsymbol{p}_i$，观测矩阵 $\boldsymbol{\varPsi} = \boldsymbol{F}_R$，先验部分支撑集 $\varXi_0$，初始稀疏度 $K_0 = \left| \varXi_0 \right|$，迭代步长 δ_s；经过迭代算法流程，PA-SAMP 算法的输出为最终估计支撑集 $\varXi_f$ 和重构冲激噪声向量 $\hat{\boldsymbol{z}}_i$。

3. 仿真结果

本节针对本书所提出的基于压缩感知的冲激噪声重构算法，给出基于 OFDM 系统下的仿真结果与性能讨论，主要仿真测试的指标包括冲激噪声重构过程、冲激噪声估计均方误差。其中仿真所采用的 OFDM 子载波数 N=1 024，循环前缀长度 M=128，频域空子载波数 R=128，拉深系数 $\alpha = 5$。

基于 PA-SAMP 算法的冲激噪声重构总体过程仿真结果如图 6-29 所示，冲激噪声遵循 Middleton Class A 模型，其中 $A = 0.15$，$\omega = 0.02$，$K = 10$，泊松到达速率 $\lambda = 50\,\mathrm{s}^{-1}$，干噪比 $\gamma_{\mathrm{IN}} = 30\,\mathrm{dB}$。仿真结果表明，本书所提出的基于 PA-SAMP 算法的冲激噪声估计方法可以准确重构实际冲激噪声。

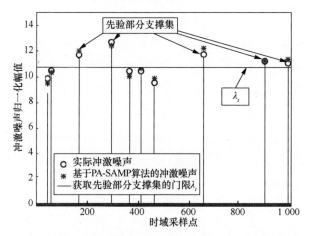

图 6-29 基于 PA-SAMP 算法的冲激噪声重构总体过程仿真结果

基于 PA-SAMP 算法的冲激噪声重构 MSE 性能仿真结果如图 6-30 所示，其中稀疏度为 K=8 和 K=16。仿真结果显示，相比于经典的 SAMP 算法，本书所采用的基于 PA-SAMP 算法的冲激噪声重构方法在两种稀疏度情况下具有 1.8 dB 左右的干噪比增益（目标均方误差 10^{-3}）。同时，仿真结果还表明，所提方法的均方误差会随着干噪比的提升而逐渐趋近 CRB。

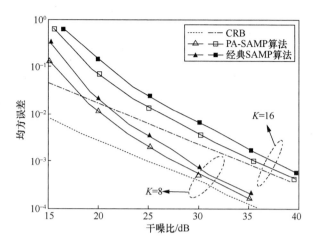

图 6-30 基于 PA-SAMP 算法的冲激噪声重构 MSE 性能仿真结果

6.4 本章小结

针对现有单一通信技术在室内实现信号覆盖时遇到的性能不足问题，我们提出了一种新型的室内宽带电力线、可见光与无线深度融合网络方案，完成了硬件实现；同时，我们还提出了一种利用 BDM 技术实现 PLC-VLC 融合通信系统的多业务传输架构，并在硬件上实现和展示了一套兼容传输与定位的可见光与电力线融合通信系统。此外，我们对现有电力线和可见光以及融合通信系统的信道和噪声模型进行了总结和综述，介绍了基于稀疏信号处理算法的新型信道估计与噪声消除技术，实现了电力线信道的参数化稀疏估计以及窄带干扰、冲激噪声的精确恢复，有望为未来可见光与电力线融合通信系统提供关键技术支持。

参考文献

[1] 刘云浩. 物联网导论[M]. 北京：科学出版社, 2017.

[2] PATHAK P H, FENG X, HU P, et al. Visible light communication, networking, and sensing: a survey, potential and challenges[J]. IEEE Communications Surveys and Tutorials, 2015, 17(4): 2047-2077.

[3] KOMINE T, NAKAGAWA M. Integrated system of white LED visible-light communication and power-line communication[J]. IEEE Transactions on Consumer Electronics, 2003, 49(1): 71-79.

[4] LEE K, PARK H, BARRY J R. Indoor channel characteristics for visible light communications[J]. IEEE Communications Letters, 2011, 15(2): 217-219.

[5] JUNGNICKEL V, POHL V, NONNIG S, et al. A physical model of the wireless infrared communication channel[J]. IEEE Journal on Selected Areas in Communications, 2002, 20(3): 631-640.

[6] VALMALA I B, BUMILLER G, LATCHMAN H A, et al. Power line communications: theory and applications for narrowband and broadband communications over power lines[M]. Hoboken: John Wiley and Sons, Inc., 2011.

[7] ANATORY J, THEETHAYI N, THOTTAPPILLIL R. Power-line communication channel model for interconnected networks—Part I: two-conductor system[J]. IEEE Transactions on Power Delivery, 2008, 24(1): 118-123.

[8] ANATORY J, THEETHAYI N, THOTTAPPILLIL R. Power-line communication channel model for interconnected networks—Part II: multiconductor system[J]. IEEE Transactions on Power Delivery, 2008, 24(1): 124-128.

[9] VERSOLATTO F, TONELLO A M. An MTL theory approach for the simulation of MIMO power-line communication channels[J]. IEEE Transactions on Power Delivery, 2011, 26(3): 1710-1717.

[10] DING W, LU Y, YANG F, et al. Spectrally efficient CSI acquisition for power line communications: a Bayesian compressive sensing perspective[J]. IEEE Journal on Selected Areas in Communications, 2016, 34(7): 2022-2032.

[11] SONG J, DING W, YANG F, et al. An indoor broadband broadcasting system based on PLC and VLC[J]. IEEE Transactions on Broadcasting, 2015, 61(2): 299-308.

[12] DING W, YANG F, YANG H, et al. A hybrid power line and visible light communication system for indoor hospital applications[J]. Computers in Industry, 2015, 68: 170-178.

[13] KOMINE T, NAKAGAWA M. Fundamental analysis for visible-light communication system using LED lights[J]. IEEE Transactions on Consumer Electronics, 2004, 50(1): 100-107.

[14] DIBERT L, CALDERA P, SCHWINGSHACKL D, et al. On noise modeling for power line communications[C]//2011 IEEE International Symposium on Power Line Communications and Its Applications. Piscataway: IEEE Press, 2011: 283-288.

[15] ESMAILIAN T, KSCHISCHANG F R, GLENN GULAK P. In-building power lines as high-speed communication channels: channel characterization and a test channel ensemble[J]. International Journal of Communication Systems, 2003, 16(5): 381-400.

[16] LIU S, YANG F, ZHANG C, et al. Compressive sensing based narrowband interference cancellation for power line communication systems[C]//2014 IEEE Global Communications

Conference. Piscataway: IEEE Press, 2014: 2989-2994.

[17] LIU S, YANG F, DING W, et al. Impulsive noise cancellation for MIMO-OFDM PLC systems: A structured compressed sensing perspective[C]//2016 IEEE Global Communications Conference (GLOBECOM). Piscataway: IEEE Press, 2016: 1-6.

[18] RUFO J, RABADAN J, DELGADO F, et al. Experimental evaluation of video transmission through LED illumination devices[J]. IEEE Transactions on Consumer Electronics, 2010, 56(3): 1411-1416.

[19] TONELLO A M, SIOHAN P, ZEDDAM A, et al. Challenges for 1 Gbit/s power line communications in home networks[C]//2008 IEEE 19th International Symposium on Personal, Indoor and Mobile Radio Communications. Piscataway: IEEE Press, 2008: 1-6.

[20] MA H, LAMPE L, HRANILOVIC S. Integration of indoor visible light and power line communication systems[C]//2013 IEEE 17th International Symposium on Power Line Communications and Its Applications. Piscataway: IEEE Press, 2013: 291-296.

[21] GAO J, YANG F, DING W. Novel integrated power line and visible light communication system with bit division multiplexing[C]//2015 International Wireless Communications and Mobile Computing Conference (IWCMC). Piscataway: IEEE Press, 2015: 680-684.

[22] JIN H, PENG K, SONG J. Bit division multiplexing for broadcasting[J]. IEEE Transactions on Broadcasting, 2013, 59(3): 539-547.

[23] MA X, GAO J, YANG F, et al. Integrated power line and visible light communication system compatible with multi-service transmission[J]. IET Communications, 2017, 11(1): 104-111.

中英文对照表

缩略语	英文释义	中文全称
B2BIFS	Beacon To Beacon Inter-Frame Space	信标与信标间隔的时间
BP	Beacon Period	信标区域
BSN	Beacon Serial Number	信标序列号
CAP	Contention Access Period	竞争接入区
CC	Convolutional Code	卷积码
CCA	Clear Channel Assessment	空闲信道估计
CFP	Contention Free Period	无竞争区域
CRQ	Collision Resolution Queue	冲突分解队列
CSMA/CA	Carrier Sense Multiple Access with Collision Avoid	载波侦听多路访问/冲突避免
CTS	Clear To Send	清除发送
CVD	Color Visibility Dimming	颜色能见度调光
DTQ	Data Transmission Queue	数据传输队列
FCS	Frame Check Sequence	帧校验序列
FLP	Fast Lock Pattern	快速锁定模式
GTS	Guaranteed Time Slot	保证时隙

（续表）

缩略语	英文释义	中文全称
HCS	Header Calibration Sequence	报头校验序列
ID	Identification	标识符
LiPAN	Visible Light Personal Area Network	可见光个域网
MAC	Media Access Control	媒体访问控制
MCPS	Media-Access-Control Common- Part Sublayer	媒体访问控制通用子层
MFR	Media-Access-Control Footer	媒体访问控制尾
MFTP	Maximum Flickering-Time Period	最大闪烁时间周期
MHR	Media-Access-Control Header	媒体访问控制头
MLME	Media-Access-Control Link-Management Entity	媒体访问控制链路管理实体
MPDU	Media-Access-Control Protocol-Data Unit	媒体访问控制协议数据单元
MSDU	Media-Access-Control Service Data Unit	媒体访问控制服务数据单元
P2P	Peer-To-Peer	对等网络
PD	Physical-Layer Data	物理层数据
PHR	Physical Layer Header	物理层报头
PHY	Physical Layer	物理层
PLME	Physical Layer Management Entity	物理层管理实体
PSDU	Presentation Service Data Unit	物理层服务数据单元
RQ	Resolution Queue	分解队列
RS	Reed-solomon	里德–所罗门码
RTS	Request To Send	请求发送
SAP	Service Access Point	业务接入点
SHR	Synchronization-Access-Control Header	同步头

（续表）

缩略语	英文释义	中文全称
STW	Second Transmission Window	第二传输窗
TQ	Transmission Queue	传输队列
TSpec	Traffic Specification	业务规范
VPPM	Variable Pulse Position Modulation	可变脉冲位置调制
WQI	Wavelength Quality Indication	波长质量指示

名词索引